# Umwelt und Gesellschaft

Herausgegeben von

Christof Mauch und
Helmuth Trischler

Band 26

Sybille Heidenreich

# Die Krise des Fortschritts und der Traum von der sauberen Energie

Bilder von Fortschritt, Elektrizität und Natur

Mit 25 Abbildungen

Vandenhoeck & Ruprecht

Gedruckt mit Unterstützung des Bundesministeriums für Bildung und Forschung und des Rachel Carson Center for Environment and Society, LMU München.

Bibliografische Information der Deutschen Nationalbibliothek:
Die Deutsche Nationalbibliothek verzeichnet diese Publikation in der Deutschen Nationalbibliografie; detaillierte bibliografische Daten sind im Internet über https://dnb.de abrufbar.

Umschlagabbildung: Aerial view of solar panel, Phước Dinh, Ninh Phước, Ninh Thuận, Vietnam. © Shutterstock

Korrektorat: Constanze Lehmann, Berlin
Satz: textformart, Göttingen | www.text-form-art.de
Umschlaggestaltung: SchwabScantechnik, Göttingen
Druck und Bindung: ⊕ Hubert & Co. BuchPartner, Göttingen
Printed in the EU

Vandenhoeck & Ruprecht Verlage | www.vandenhoeck-ruprecht-verlage.com

ISSN 2198-7157
ISBN 978-3-525-31133-2

# Inhalt

## Teil III
### Auf dem Weg in eine postfossile Welt

*Abb. 1:* Frank Kirchbach, Plakat der Internationalen Elektrotechnischen Ausstellung 1891 in Frankfurt am Main, Chromolithografie, Historisches Museum Frankfurt.

# 1. Einleitung: Die Fee der Elektrizität und der entfesselte Prometheus

Eine strahlende, bis zur Hüfte nackte Frauenfigur erhebt sich mit triumphaler Geste über die männliche Figur zu ihren Füßen: Prometheus, den Titan aus der griechischen Mythologie. Er ringt mit seiner Fessel, deren Ende die weibliche Figur lässig in ihrer Hand hält. Ein Triumph des Lichts, aber nicht des natürlichen Lichts, sondern einer technischen Innovation, die im letzten Drittel des 19. Jahrhunderts ihre Wirkung entfaltet hatte: des Lichts durch Elektrizität. Im Hintergrund zu sehen ist die Silhouette der Stadt Frankfurt und im Schnittpunkt der Diagonalen der Turm der Paulskirche, davor das erleuchtete Ausstellungsgelände. Das Symbol der Demokratie in Gestalt der Wirkungsstätte der ersten deutschen Volkvertretung bildet so einen semantischen Hintergrund, der das Narrativ des Bildes in die Geschichte der Demokratie einbindet. Die Frauenfigur, die hier triumphierend eine Glühlampe emporhält, ähnelt in ihrem Gestus auf den ersten Blick der bekannten Figur der Freiheitsstatue, die von dem elsässischen Bildhauer Auguste Bartholdi tatsächlich in dieser Zeit konzipiert wurde.

Der Maler und Grafiker Frank Kirchbach (1859–1912), Schöpfer des Plakats, war 1889–1896 Leiter der Mal- und Komponierschule am Städelschen Institut und hatte sich u. a. als Illustrator von Goethe-Gedichten einen Namen gemacht. Er schloss sich mit seinem Plakatentwurf einer europäischen Bewegung an: »La fée électricité« – unter diesem griffigen Namen hat die Lichtfee als transnationale Allegorie der Moderne in Frankreich Karriere gemacht. Dass sich tatsächlich mit der Kraft der Elektrizität in der Wahrnehmung der Zeit große Hoffnungen auf den Anbruch einer Epoche der Freiheit und einer neuen gesellschaftlichen und wirtschaftlichen Ordnung verbinden konnten, zeigt das folgende Zitat aus der »Frankfurter Zeitung« aus dem Jahr 1891:

Es bricht die Zeit an, wo die Maschine nicht mehr der unumschränkte Herrscher ist, der von einem einzelnen Punkte aus Alle zum Gehorsam zwingt; die Elektrizität wird jedem Einzelnen das Quantum Kraft liefern, das er für seine Zwecke braucht, und dadurch befreit sie ihn aus der drückenden Knechtschaft des Großbetriebes und der Schablone. Der Gewinn wird ein doppelter sein: die freiere wirtschaftliche Bewegung und die Möglichkeit künstlerischer Eigenart. Von diesem Standpunkt aus eröffnet die Elektrotechnik die großartigsten Ausblicke in die Zukunft der Menschheit.[1]

---

1 Frankfurter Zeitung v. 15. Mai 1891, zit. nach Paul (2013), 28. Hier auch weitere Informationen zur Verbreitung und Ikonologie der Figur.

Prometheus, der im Mythos den Göttern das Feuer geraubt hatte, kann in diesem Narrativ als Vertreter einer vergangenen Epoche erzählt werden, die mit
der Herrschaft der Maschine assoziiert wird und mit Knechtschaft durch die
Großbetriebe. Er ist nicht wie in der antiken Tradition mit dem Feuer dargestellt,
sondern mit einem Bündel Blitze, das er an die Frauengestalt quasi übergibt. Die
Spitze eines seiner Blitze berührt den Zeigefinger der Fee und leitet so den »ge-
bändigten« Strom in die Leuchte. Das prometheische Zeitalter, in dem das Feuer
mit Kohle, Dampfmaschine und Schwerindustrie verbündet ist, wird abgelöst
durch eine neue Epoche.

Die Intentionen der Ausstellungsmacher gingen in die gleiche Richtung. Die
»Internationale Elektrotechnische Ausstellung« verband eine Gesamtschau der
Möglichkeiten der neuen Energie mit dem Zauber neuer Beleuchtungstechni-
ken. Die Ausstellung wurde angestoßen von Leopold Sonnemann, Verleger der
liberalen »Frankfurter Zeitung«, und umgesetzt von Oskar von Miller, neben
Emil Rathenau Direktor der »Deutschen Edison-Gesellschaft« und späterer
Gründer des Deutschen Museums. Für die Ausstellungsmacher bot die Elektrizität die Chance einer demokratischen Transformation der Gesellschaft. Dafür
stand vor allem der Liberale Sonnemann, führender Kopf der »Demokratischen
Volkspartei«, Reichstagsabgeordneter und Stadtverordneter, ein überzeugter
Republikaner und eine einflussreiche Figur in der Stadt.[2] Sonnemann hatte
ein bürgerliches, demokratischliberales Projekt im Sinn und erwartete eine
gesellschaftlich breite, über Klassengrenzen hinausreichende Partizipation an
der neuen Kraft Elektrizität, um soziale Ungleichheiten zu korrigieren, die der
Aufstieg der dampfmaschinenbetriebenen Schwerindustrie und des Industriekapitalismus hervorgebracht hatte.[3]

Eine Hauptattraktion der Ausstellung, die 1,2 Millionen Besucher*innen
anzog, war die geradezu wunderbar wirkende farbige Beleuchtung der Maschi-
nenhalle mit einem künstlichen Wasserfall.[4] Damit deuteten sich die enormen
Möglichkeiten der Illusionierung bereits an, die in der Elektrizität stecken. Der
Wasserfall brachte die Natur ins Spiel und gab einen Hinweis auf die Energiequelle Wasserkraft. Die neue Energie wurde nicht nur als sauber, sondern auch
als naturnah empfunden und schien die Chance zu bieten, Kultur und Natur zu
versöhnen. Man glaubte sich zu der Hoffnung berechtigt, die natürliche und – in
damaliger Sicht – unerschöpfliche Energiequelle Wasserkraft zur Stromerzeugung werde bald die Fabrikschornsteine aus den Städten verbannen.[5]

Eigentlich hätte es so weitergehen können, aber mit der Verarbeitung und
Nutzung des Erdöls, die vor allem mit dem Siegeszug des Automobils einsetzte,

---

2  Steen (1998), 176; siehe auch Peters (2016).
3  Lesczenski (2015), 83 ff.
4  Ebd., 83; zur Ausstellung vgl. Steen (1991), Wessel (1991).
5  Vgl. Felber (1998), 105 ff., Steen, ebd., 174.

begann eine neue Phase fossiler Brennstoffe. Heute ist wieder eine Zeitenwende im Zeichen der Elektrizität absehbar. Der Weg ins postfossile Zeitalter ist eine zwingende Konsequenz aus der Klimakrise und deutet sich mit den klimapolitischen Transformationskonzepten und dem Pariser Abkommen auch an. Denn wenn die Dekarbonisierung, also der Ausstieg aus allen fossilen Brennstoffen, umgesetzt ist, wird grüner Strom die wichtigste (wenn nicht einzige) verbleibende Energiequelle sein.

Das Narrativ von der neuen, freien Gesellschaft, die sich über eine saubere, natürliche und moderne Energiequelle definiert, und der Überwindung einer schmutzigen und unfreien Welt hat eine Vorgeschichte und eine »Nachgeschichte«, die in die Zukunft führt. Beide Pole, der Weg des Prometheus, auf dem wir uns heute immer noch befinden, und der Weg der Fee, korrespondieren mit unterschiedlichen Vorstellungen von Fortschritt und Modernität. Um zu verstehen, wie alles so geworden ist, wie es ist, sollen in dieser Publikation zunächst die Schritte betrachtet werden, die entscheidende Wendepunkte in der Geschichte der Technikentwicklung darstellen. Dies geschieht im Teil I dieses Buches, »Der Weg des Prometheus« betitelt. Hier verfestigt sich der Eindruck, dass es die Kombination einer technisch orientierten experimentellen Naturwissenschaft mit der Faszination permanenter Grenzüberschreitung ist, die über die Nutzung fossiler Brennstoffe in die gegenwärtige Krisensituation führte. Dies wird anhand von Bildern untersucht, die mit unterschiedlichen Fortschrittsbegriffen korrespondieren: »Das Experiment mit dem Vogel in der Luftpumpe« – Fortschritt als Verheißung – und der »Engel der Geschichte« in der Interpretation Walter Benjamins – Fortschritt als Katastrophe – stehen jeweils am Anfang einer Bilderreihe, in der die Prometheus-Metaphorik sich entfaltet. Zwei aktuelle Themenblöcke werden in diesem Rahmen betrachtet: zum einen die Auswirkungen eines der Natur und den Menschen entfremdeten Technologiekonzepts, zum anderen direkt gegen die Natur gerichtete Folgen, wie Vernichtung von Arten, industrielle Massentierhaltung oder Tierversuche. Die Problemfelder Klimakrise und Zerstörung der Biodiversität belegen die Relevanz der genannten Entwicklungen. Wichtige Aspekte transportiert dabei das Konzept des »Anthropozän«, das im Lichte der Corona-Pandemie noch einmal schärfere Züge annimmt.

Teil II: »Die Fee der Elektrizität – leuchtende Frauen« behandelt Narrative, die sich mit der Ikonologie der lichtragenden Göttin als Personifikation einer neuen Epoche verbinden. Die Reihe beginnt bei der Lichtträgerin für die »Allgemeine Elektricitäts-Gesellschaft AEG« aus dem Jahr 1888 und den verwandten Allegorien, die mit dieser Figur verschmolzen sind. Ein Gravitationszentrum der Interpretation ist die Lichtgöttin im Werk »Der Morgen« von Philipp Otto Runge, die in die kulturhistorische Vorgeschichte der Lichtträgerinnen gehört. Durch sie kommt die romantische Naturphilosophie mit einem speziellen Verhältnis zur Elektrizität ins Spiel und die Fee erhält eine gehörige Aufladung an

Naturnähe. Dabei zeigt sich, dass die Romantik eine Fülle von Gedankenfiguren, Sinnmustern und Imaginationen bietet, die sich für eine freundschaftliche Verbundenheit mit der Natur fruchtbar machen lassen. Die geheimnisvolle Kraft der Elektrizität wurde im poetischen Denken der romantischen Naturphilosophie als Weltbewegungsmacht sogar zum Einheitsprinzip des Weltganzen erklärt. Wenn sich diese Idee auch nicht halten ließ, so hat doch die Intention der Romantik, das Ganze zu denken, eine wichtige Spur gelegt. Festzuhalten bleibt außerdem, dass in die Genealogie der Lichtgöttin auch die Göttin der Wahrheit gehört; in Zeiten von kollektivem »Science denial« und Verschwörungstheorien ein erfreulicher Aspekt.

Das große Panoramagemälde von Raoul Dufy, »La Fée Électricité«, aus dem Jahr 1937 fasste noch einmal den ganzen Zauber der modernen, sauberen und naturhaften Energiequelle zusammen, bevor der Krieg das Spiel der Leichtigkeit beendete (Abb. 2).

Dufy hatte es anlässlich der Weltausstellung von 1937 in Paris für den »Pavillon de la Lumière et de l'Électricité« geschaffen. Das Bild wirkt buchstäblich wie eine Vision, eine Erscheinung des Lichts. Der Raum wird zum Tempel, zentriert auf ein altarartiges stilisiertes Kraftwerk, über dem die Blitze der Elektrizität in einer Lichtaureole zucken. Die Geschichte der Fee der Elektrizität zeigt den olympischen Götterhimmel in einer oberen Ebene, darunter versammeln sich die Philosophen, Gelehrten, Wissenschaftler und Ingenieure chronologisch von der Antike bis zur Gegenwart, die an den Wunderwerken der Technologie auf dem Weg zur Elektrizität mitgewirkt hatten, zusammen mit ihren Entdeckungen und Erfindungen. Die Namen der Gelehrten jeder Epoche sind bei den einzelnen Figuren vermerkt. Jedes Zeitalter zeigt eine eigene Farbtönung, was das Gesamtwerk zu wahrer Farbmagie erstrahlen lässt. Das Zeitalter der Gegenwart des Künstlers ist ausgestattet mit Radio, Flugzeugen, Kino. In einem trichterförmigen Strahl aus Licht, in dem die architektonischen Wahrzeichen der größten Städte der Welt schweben, erhebt sich die Göttin Iris, die Himmelsbotin und Personifikation des Regenbogens, als Apotheose der neuen Epoche. Unter ihr signalisiert ein Flugplatz technischen Fortschritt und ein Orchester spielt mit Chor, denn, wie wir wissen – die Elektrizität hat die Musik um die ganze Welt getragen.[6]

Der Titel der Ausstellung: »Exposition Internationale des Arts et Techniques dans la Vie Moderne« bezieht sich auf das moderne Leben, das sich gerade verfinsterte. Es ist die gleiche Weltausstellung, auf der auch Picassos Gemälde »Guernica« im spanischen Pavillon gezeigt wurde. Das dunkle Gegenbild zur lichten Fee zeigt ebenfalls eine Glühbirne; sie beleuchtet nackt die Schreckensbilder des Krieges. Es folgten in der Historie die Exzesse des Nationalsozialismus und der Zweite Weltkrieg mit unerhörten Zerstörungskräften. Das Bild der

6  Musée d'Art Moderne de Paris (o. J.).

*Abb. 2:* Raoul Dufy, La Fée Électricité, 1937, Panoramabild im Musée d'Art Moderne de Paris, ca. 600 qm.

Technik trübt sich ein, Fortschritt und Zerstörung rücken in der Wahrnehmung kritischer Köpfe eng zusammen.[7]

Mit der Ökologiebewegung, der Klimakrise und der Krise der Biodiversität rückt die Vision von der sauberen Energie wieder ins Zentrum der Aufmerksamkeit. Diese muss sich jedoch mit neuen Vorstellungen von Fortschritt verbinden. Der Weg des Prometheus zeigt nämlich auch, dass es mit dem Verzicht auf fossile Brennstoffe nicht getan ist. Ein gänzlich neu gedachtes und praktiziertes Verhältnis zur »Natur« ist notwendig, um das »postfossile Zeitalter« nachhaltig zu gestalten. Für einen anderen Fortschrittsbegriff, der sich nicht mehr am Fortschrittspfeil, sondern grundsätzlich an Kreisläufen orientiert, vom Recycling bis zur Erhaltung geosystemischer Kreisläufe, plädiert daher der Auftakt zum Teil III der Publikation: »Auf dem Weg in eine postfossile Welt«. Wir beschäftigen uns im letzten Teil mit den Fragen, die sich heute bezüglich der »sauberen Energie« stellen, sowie mit den Transformationsprozessen, die notwendig sind, um die Grenzen der Belastbarkeit des Planeten nicht zu überschreiten. Dabei bildet eine weitere Reihe von metaphorischen Lichtbringer*innen einen narrativen Kern, der sich in die aktuelle Situation hinein erweitert.

---

7 Zu Picassos Gemälde auf der Weltausstellung von 1937 im politischen Kontext der Zeit und seinen Bezügen zu Paul Klees »Angelus Novus«, auf den wir noch eingehen werden, vgl. Rokem (2008).

Mit einer chinesischen Robotergöttin, der Figur der »Columbia« des Kinos und schließlich der schmetterlingsbeflügelten »Camille« der feministischen Wissenschaftshistorikerin Donna Haraway wird diese Linie fortgeführt. Die weiblichen Figuren stehen für Elektronik, künstliche Intelligenz und schließlich die Vision einer Symbiose zwischen verschiedenen Spezies lebendiger und virtueller Wesen. Vor allem der dritte Teil macht deutlich, dass neben die Transformationspfade, die zur Bewältigung der ökologischen Krisensituation im Gespräch sind, die digitale Transformation tritt, die auch unter dem Schlagwort »Industrie 4.0« diskutiert wird. Beide Transformationsdiskurse haben bisher wenig Berührung miteinander.

Das Schlusskapitel »Poetisch sehen« ist speziell dem Beitrag, den die Kunst im Diskurs um die ökologische Krise der Erdsysteme leisten kann, gewidmet. Es zeigt sich, dass im künstlerischen Gestalten und Denken aktuell Symbiose und Sympoiesis[8] eine besondere Rolle spielen. Grenzüberschreitende Kooperationen und Synthesen mit naturwissenschaftlicher Methodik erinnern an die Einheitsvisionen der Romantik. In den künstlerischen Positionen wird ebenso deutlich, dass Kunst gegenüber einer fachspezifischen Sachorientierung einen enormen Bedeutungs- und Wirkungsüberschuss produziert.

Eine zentrale These, der diese Publikation nachgeht, leitet sich daraus ab: Mit den sympoetischen Mustern, die sich in der Konstellation der Prometheus-Metaphorik und der Allegorik um die Feen der Elektrizität zeigen, lassen sich zentrale Fragestellungen des Anthropozän-Diskurses verbinden: Aus welchen Wahrnehmungsmustern ist die ökologische Krise der Gegenwart entstanden? Welche Sinnangebote stellt die Bilderwelt der Feen und leuchtenden Frauen bereit? Und: Wie können die Angebote der Kunst- und Kulturgeschichte in die aktuellen Transformationsdiskurse eingebunden werden?

Damit fällt auch ein Licht auf die Methodik, die diese Publikation im Ganzen prägt.[9] Die Bilder und Texte, die hier betrachtet werden, geben einerseits Aufschluss über das Denken der Epoche, in der sie entstanden sind. Darüber hinaus haben sie Bedeutungsspuren in der Zeit hinterlassen durch die Interpretationen, Weiterentwicklungen, Variationen, Neufassungen, die sie im Laufe der Geschichte erfahren haben. Sie reichen damit bis in die Gegenwart und Zukunft hinein. Die Allegorie der Fee der Elektrizität und die Metaphorik um den entfesselten Prometheus sind solche ikonischen (Gedanken-)Bilder, um die

---

8 Der Begriff Symbiose in diesem Kontext verweist auf Lynn Margulis, Der symbiotische Planet (2018); mit Sympoiesis beziehe ich mich auf Donna Haraway (2018). Mit der Wortzusammensetzung sym- = gemeinsam und -poetisch = dichterisch, schöpferisch meine ich einen kollektiven Schaffensprozess, der sich in der Kulturgeschichte abbildet.

9 In den Publikationen »Das ökologische Auge« (2018) und »Wunschlandschaften« (2019) gehe ich ebenfalls einer kunst- und kulturhistorischen Variante des Ecocriticism nach. Der Ansatz ist fachübergreifend auch in der Hinsicht, dass aktuelle Informationen und Studien aus dem Themenfeld Ökologie, Klimapolitik und Biodiversität in die Darstellung einfließen.

sich mit der Zeit viele Bedeutungsschichten abgelagert haben und an denen viele Beteiligte sympoetisch mitgewirkt haben. Solche sympoetischen Muster in der Kulturgeschichte zu finden und aufzuzeigen ist ein gutes Mittel, die Gegenwart besser zu verstehen und vielleicht sogar die Zukunft vorzubereiten.

Darüber hinaus haben die Bilder und poetischen Texte freiere und weitere Wirkungsmöglichkeiten als die sachorientierte Wissenschaftssprache. Sie vermitteln einen enthusiastischen Überschwang, der für sich spricht. Der Literaturwissenschaftler Amir Eshel nennt das »dichterisch denken« und schreibt diesem Weg, kreative Denkmöglichkeiten zu entfalten, auch das Potenzial zu, dem gegenwärtig zu beobachtenden Aufstieg von antidemokratischem Populismus und Autokratie etwas entgegenzusetzen.[10]

Den weiteren Kontext dieser Publikation bildet die Methodik des Ecocriticism, wie sie in Deutschland von Wissenschaftler*innen wie Gabriele Dürbeck, Hubert Zapf oder Heinrich Detering vertreten wird. Auch der Visual History verdanke ich viel, denn die erste Begegnung mit der Fee der Elektrizität geht auf die Publikation »Bildermacht« von Gerhard Paul zurück.[11] Das »Rachel Carson Center for Environment and Society«, eine gemeinsame Institution des »Deutschen Museums« und der »Ludwig-Maximilians-Universität München«, bietet mit seinem »Environment & Society Portal«[12] eine Fülle von Informationen und Anregungen, die ebenfalls viel zu dieser Publikation beigetragen haben.

Über allem schwebt das »Metanarrativ«[13] des Anthropozän-Diskurses, der ins Bewusstsein rückt, dass menschliches Wirken mittlerweile erdhistorische Dimensionen angenommen hat.

---

10  Vgl. Eshel (2020).
11  Vgl. Dürbeck, Stobbe (Hrsg., 2015), zu Kulturökologie der Beitrag von Hubert Zapf 172 ff., Detering (2020), Göttingen; Paul (2013), Göttingen.
12  Rachel Carson Center, Environment & Society Portal, unter: https://www.carsoncenter.uni-muenchen.de/digital_project/index.html, letzter Zugriff: 8.1.2021.
13  Dürbeck (2018), 15.

# Teil I
## Der Weg des Prometheus

*Abb. 3:* Joseph Wright of Derby, Das Experiment mit dem Vogel in der Luftpumpe, 1768, Öl auf Leinwand, 183 × 244 cm, National Gallery London.

# 2. Auf den Spuren des Feuers: Das Zeitalter der Helden

## 2.1 Fortschritt als Verheißung: Der Vogel in der Luftpumpe

Dramatische Lichtführung und emotionale Gestik der betrachtenden Personen lenken den Blick auf einen weißen Vogel in einem Glasgefäß, der wie die Taube des Heiligen Geistes herabzuschweben scheint. Es handelt sich um die Darstellung eines wissenschaftlichen Experiments, noch ganz mit den klassischen Mitteln der religiösen Malerei in Szene gesetzt: Hell-Dunkel-Effekte wie bei den Nachfolgern Caravaggios, ein pyramidaler Aufbau und ein Verweissystem von Gesten und Mimik binden das Werk formal an die Barockmalerei. Das Thema aber ist modern. Das Werk des Joseph Wright of Derby aus dem 18. Jahrhundert, dem Zeitalter der Aufklärung, wird häufig abgebildet, um die Bedeutung des wissenschaftlichen Experiments in der Wissensgeschichte der modernen, westlichen Industriegesellschaft zu illustrieren.

Die Luftpumpe, um die es hier geht, war eine Erfindung Otto von Guerickes (1602–1686) gewesen, der vor allem an der Kraft des Luftdrucks und dem Nachweis der Möglichkeit eines Vakuums interessiert war. Letzteres galt im Namen des Aristoteles lange als unmöglich, da die Natur die Leere fürchte. Als Reminiszenz an den Erfinder liegen rechts am Rand des Tisches seine sogenannten »Magdeburger Halbkugeln«.

Guericke hatte aber noch keine Vakuumluftpumpen gebaut; dies geschah erst, als in England Robert Boyle 1659 die Konstruktion einer solchen Pumpe in Auftrag gab.[1] Bei den Experimenten mit der Luftpumpe, auf die der Maler sich bezieht, ging es zunächst um die große Frage nach der Möglichkeit eines Vakuums. Später wollten die Experimentatoren unter anderem beweisen, dass Lebewesen notwendig Luft zum Überleben brauchen. Außerdem ging es um die Rolle, die Atmung und Lungen hierbei spielen. Deshalb sehen wir in Wrights Bild in dem großen Glas unten ein Lungenpräparat, wohl in Konservierungsflüssigkeit. Es handelt sich also nicht nur um ein Beispiel für ein technisches Experiment, sondern bereits auch um ein solches für einen Tierversuch.

Zur Zeit Wrights gab es schon viele Vakuumpumpen, sodass das Experiment Hauptattraktion im Programm umherziehender Schausteller-Wissenschaftler werden konnte, die zur Belehrung der Bevölkerung unterwegs waren. Sie för-

---

1 Vgl. Hunter, Michael (o. J.).

derten die Popularisierung der Wissenschaft, die für das Selbstverständnis des bürgerlichen Publikums wichtig war.[2] Im 18. Jahrhundert konnte die Luftpumpe ihren praktischen Nutzen für die industrielle Entwicklung entfalten: Sie war beispielsweise bei der Kohleförderung oder der Entwicklung der Dampfmaschine von Bedeutung.

Bei dem Experiment, das wir hier sehen, wird mittels eines Kolbens Luft aus dem Gefäß gepumpt, bis ein Vakuum entsteht; ein Vorgang, der den Vogel dem Tode immer näher bringt. Bevor dieser aber eintritt, kann der Experimentator durch Öffnung eines Ventils, durch das die Luft hereinströmt, den Vogel quasi wieder zum Leben zu erwecken. Der junge Mann links im Vordergrund hält in der Hand, die auf dem Tisch liegt, eine Taschenuhr, mit der man messen kann, wie lange diese Zeitspanne dauert. Die Betrachter*innen des Experimentes wie des Bildes erleben den dramatischen Augenblick, da die lenkende Hand oben am Glas über Leben und Tod entscheidet. Die Menschen im Umkreis des Experimentators reagieren unterschiedlich auf diese Situation zwischen Leben und Tod. Die beiden Kinder zeigen Ängstlichkeit, wobei das größere Mädchen die Augen hinter der Hand verbirgt, um das Leid des Tieres nicht mit ansehen zu müssen. Der ältere Mann, der sich wie ein Vater oder Lehrer über die beiden beugt, weist tröstend oder belehrend auf die Geste des Experimentators oben am Ventil. Die hell beleuchtete Hand markiert formal die Spitze eines Dreiecks. Vielleicht geht es hier auch darum, die Kinder zu lehren, ihre primäre Furcht und auch das Mitleiden mit dem Tier zu unterdrücken zugunsten des Glaubens an die neue Lehre, die aus dem Wissen um die Natur erwächst.

Wenn wir den im Glas befindlichen Haubenkakadu, dessen Käfig rechts oben im Bild zu sehen ist, nicht ornithologisch, sondern in seiner optischen Wirkung wahrnehmen, legt die Ähnlichkeit mit einer weißen Taube einen weiteren Deutungsschritt nahe: Wie Gottes Hand reguliert die Hand des Experimentators Tod und Leben. Aber darüber hinaus bestimmt nun die Hand des Menschen auch das Schicksal des Heiligen, für das die Taube traditionell steht. Die wissenschaftliche Technik wird parallel gesetzt zur Schöpfung Gottes.[3] Indem der Maler die emotionalen Reaktionen der Menschen so ausführlich darstellt, geht er einen Schritt über das Illustrative hinaus. Einerseits schließt er sich an die Darstellungen von wundersamen Ereignissen aus dem biblischen Kanon in der barocken Malerei an, bei denen immer auch das Erstaunen, Erschrecken, die Verehrung und die Zeugenschaft der Menschen mit geschildert werden. Er setzt aber auch einen Gegenakzent zur wissenschaftlichen Nüchternheit eines rationalen Vorgangs, der sich streng emotionsfrei versteht. Die Menschen gehen mit, leiden oder staunen, fürchten sich oder belehren, das heißt sie sind als Subjekte involviert und reagieren je unterschiedlich aus ihrer Gefühls- und Verständ-

---

2 Vgl. die umfassende Darstellung bei Böhme (2003).
3 Vgl. Busch (1990).

nislage heraus. Eine radikale Trennung in untersuchendes Subjekt und davon getrennte Welt der Objekte ist noch nicht vollzogen. Die Imaginationskraft des Bildes macht den Betrachter*innen ein Identifikationsangebot, das zu Teilhabe auch in emotionaler Hinsicht einlädt.

Das Bild entfaltet damit mehrere Ebenen, die der wissenschaftlich technische Fortschritt durchdringt und verändert: die Ebene der Körperlichkeit, in der das Tier in seiner Funktionalität im Rahmen der Versuchsanordnung objektiviert wird, die wissenschaftlich-technische Ebene der Apparatur, durch die das Publikum etwas über die physikalischen Grundgesetze und deren Anwendung lernen kann, die Welt des Geistes und der Metaphysik, die nun ebenso wie das Tier dem Herrschaftsbereich des Menschen unterliegt. Schließlich lässt sich eine dem Bild als Quelle der Imagination eigene Ebene identifizieren, die eine Brücke herstellt zwischen subjektiver Verbundenheit mit dem Geschehen und objektivierender Wissenschaftlichkeit. Noch lange, jedenfalls bis zur Romantik, wird diese Brücke immer wieder von Künstler*innen gefestigt oder neu konstruiert werden. Wie stark die Tragkraft dieser Konstruktionen bis in die Gegenwart sein wird, diese Frage wird an anderer Stelle, im Schlusskapitel »Poetisch sehen«, wieder aufgenommen. Vorerst ist die Subjektebene und damit die emotionale Verbundenheit mit der Natur in der Moderne als ebenso auf dem Rückzug zu betrachten wie die metaphysische Weltordnung, welche die Einheit des Ganzen gewährleitet hatte.

Damit deutet das Bild auf einen höchst folgenreichen Paradigmenwechsel hin, der mit einer Revolution des philosophischen wie des wissenschaftlichen Weltbildes einherging und die Architektur der Welt in die Hände des Menschen legte. Die Anfänge dieses Paradigmenwechsels liegen in der frühen Neuzeit, als nicht nur ferne Länder in den Fokus der Entdecker gelangten, sondern auch die Natur selbst. Im Mittelpunkt des neuen Paradigmas steht das wissenschaftliche Experiment, das fortan andere – religiöse oder autoritätsbezogene – Zugänge zur Wahrheit dominieren wird.

Die öffentliche Vorführung vor einem bürgerlichen Publikum, in dem sich unterschiedliche Altersgruppen und Geschlechter versammeln, verweist darauf, dass die neue Dimension der Wissenschaftlichkeit ab der zweiten Hälfte des 18. Jahrhunderts in den breiten Strom der Demokratisierung des Wissens und der Universalisierung von Rechten und Werten einmündete. Das wissenschaftliche Experiment soll für jedermann transparent sein, logisch nachvollziehbar und faktisch wiederholbar. Das Wissen, das hier gewonnen wird, steht, so jedenfalls die Idee, der Menschheit zur Verfügung; es bleibt nicht einer Gruppe oder Institution vorbehalten.[4]

4 Dass die Ausdifferenzierung des Wissenschaftssystems im 18. und 19. Jahrhundert eine gegenläufige Tendenz in Gang setzte, hat dazu geführt, dass die Vermittlung zwischen Wissenschaft und Gesellschaft, Fragen der Ausschließung und Einschließung sowie die Möglichkeiten von Citizen Science heute verstärkt diskutiert werden. Vgl. Stichweh 1984; Wenninger, Will, Dickel, Maasen, Trischler (2019).

Der Gedanke der Natur- und Vernunftrechte erweiterte ebenfalls seit der frühen Neuzeit den Raum der Natur um die den Menschen gerade in ihrer Eigenart als Menschen mitgegebenen Rechte und Pflichten. Die neuen Möglichkeiten der Wissenschaft boten nun auch Wege der Bildung, die die Menschen zur Ausübung ihrer Rechte befähigten. Aufklärung wurde so praktikabel. Allerdings wird der aus heutiger Sicht naheliegende Gedanke, auch die Natur mit Rechten zu versehen, nicht mitgedacht. Das Bild der Natur ist in dieser historischen Phase einfach zu großartig, als dass der Gedanke einer ernsthaften Schädigung durch menschliches Handeln im Vordergrund hätte stehen können (auch wenn Gedankenspiele mit der Möglichkeit der Katastrophe in Literatur und bildender Kunst seit dem 18. Jahrhundert als Unterströmung präsent sind[5]).

Der Paradigmenwechsel hat weitreichende Folgen. Die Wurzeln dieses Umbruchs sind in der Wissensgeschichte anhand einer Auseinandersetzung zwischen Robert Boyle (1627–1691) und dem Philosophen Thomas Hobbes (1588–1679) ausgeführt worden. Während Boyle für die seinerzeit zukunftsträchtige Rolle des Experiments mittels einer Apparatur steht, eben der Luftpumpe, vertritt Thomas Hobbes einen Standpunkt, der sich historisch nicht durchgesetzt hat, aber in anderer Hinsicht aufschlussreich ist: Hobbes, dessen Staatstheorie im »Leviathan« bis heute bekannt ist, lehnte diese experimentelle Methode ab, da sie aus seiner Sicht ohne einen Nachweis durch eine höhergeordnete Rationalität nur hypothetisch sei und keine Gültigkeit beanspruchen dürfe. Dabei ging es nicht zuletzt um die Frage, ob es in der Natur nach rationaler Überlegung überhaupt ein Vakuum geben könne oder nicht. Hobbes sieht mit der experimentellen Methodik, durch die jedermann vor Zeugen neue Wahrheiten über die Natur produzieren kann, dem Meinungsstreit Tür und Tor geöffnet, wie ja auch sein »Leviathan« dem Kampf eines jeden gegen jeden in den Religionskriegen seiner Zeit ein Ende setzen sollte. Hobbes naturphilosophisch und politisch begründeter Einspruch verweist darauf, dass Konzeptionen von wissenschaftlicher Evidenz mit soziokulturellen und politischen Mustern verbunden sind, ebenso wie mit Praktiken und Techniken der Versuchsanordnung.[6] Boyles experimentalwissenschaftliches Paradigma hat eine Sichtweise mit sich gebracht, die Naturerkenntnis in den abgeschlossenen Raum des Experiments bannt, damit aber die Scheidung zwischen Natur und Gesellschaft noch vertieft und Naturwissenschaft gegen die Forderungen gesellschaftlicher Belange immunisiert.

Nicht nur die Strukturierung einer objektivierten »Natur« durch experimentell erwiesene Naturgesetze, auch die Formung des Verhaltens der Menschen durch eine fortschreitende Verrechtlichung, soziale, politische und kulturelle Differenzierung und Funktionalisierung bestimmen die folgende Entwicklung.

---

5  Vgl. dazu Detering (2020), 11 ff.
6  Vgl. Schaffer, Shapin (1985).

Die traditionellen Verbindungen zu den Glaubenswelten lockern sich. Das Reich der Metaphysik entleert sich. Es wird schwierig, Wertentscheidungen zu legitimieren. Ein Prozess der Modernisierung, der auch Säkularisierung, Entzauberung der Welt (Max Weber) oder Entbettung des Individuums (Charles Taylor) genannt wurde. Zuletzt hat Jürgen Habermas die Geschichte der Auseinandersetzung zwischen Glauben und Wissen auf dem Weg ins nachmetaphysische Zeitalter verfolgt.[7]

Was dabei auch noch auf der Strecke bleibt, ist vielleicht erst im Rückblick und aus der Diagnose der gegenwärtigen Krisenlage heraus erkennbar: eine Verbundenheit mit der lebendigen Natur. Der Vogel in der Luftpumpe ist noch nicht einmal Objekt der Untersuchung, denn es geht ja nicht um Vogelverhalten. Er dient mit seinem Leben oder Sterben vielmehr nur als Zeiger für einen physikalischen oder biologischen Sachverhalt. Das ist weit mehr, als die in der Bibel überlieferte Herrschaft über die Tiere nahelegt (1. Mose 1,28). Der hier sich anbahnende Einstellungswandel deutet voraus auf das verdinglichte und nutzenorientierte Verhältnis zu einer Natur, die auch in der Ökologie nur noch als Anbieterin von »Ökosystemdienstleistungen« in den Blick kommt und damit in die Abstraktion entrückt ist. Dann allerdings mit alarmierenden Nachrichten. Die Sachstandsberichte des IPBES (»Intergovernmental Science-Policy Platform on Biodiversity and Ecosystem Services«) werden immer dramatischer. Im Bericht zur 7. Plenarsitzung 2019 heißt es:

- »Bis zu eine Million Arten sind vom Aussterben bedroht, viele davon bereits in den nächsten Jahrzehnten.
- Das Artensterben ist heute mindestens zehn- bis einhundertmal höher als im Durchschnitt der letzten zehn Millionen Jahre.
- Die Hälfte der lebenden Korallen ist seit 1870 verschwunden.
- Die weltweite Waldfläche beträgt nur 68 % im Vergleich zum vorindustriellen Zeitalter.
- 75 % der Landoberfläche und 66 % der Meeresfläche sind durch menschlichen Einfluss verändert.
- Über 85 % der Feuchtgebiete sind in den letzten 300 Jahren verloren gegangen.
- Die Aichi-Biodiversitätsziele der CBD, die bis 2020 erreicht werden sollen, werden deutlich verfehlt werden. Darüber hinaus wird auch das Erreichen der 2015 verabschiedeten Nachhaltigkeitsziele der Vereinten Nationen kritisch diskutiert.«[8]

Der globale »Living Planet Index 2020« des WWF gibt keine Entwarnung, im Gegenteil: Er zeigt einen durchschnittlichen weltweiten Rückgang von Säugetieren, Vögeln, Amphibien, Reptilien und Fischen um 68 Prozent in den Jahren zwischen 1970 und 2016. Viele Belege verweisen auf die Schäden durch intensive,

---

7 Vgl. Habermas (2019).
8 IPBES (2019), unter: https://www.de-ipbes.de/de/Globales-IPBES-Assessment-zu-Biodiversitat-und-Okosystemleistungen-1934.html, letzter Zugriff: 8.1.2021.

industrielle Landwirtschaft und ein ungebremstes Insektensterben in unseren Breiten.[9] Der im Herbst 2020 erschienene Bericht der »Europäischen Umweltagentur« (EUA) über den Zustand der Natur in der EU vermittelt den Eindruck, dass die Maßnahmen der EU zum Naturschutz weder ihre Ziele erreicht haben noch geeignet scheinen, die Umsetzung der Biodiversitätsstrategie zu gewährleiten, wenn nicht grundsätzlich Umorientierungen in den Konsumgewohnheiten, der Lebensmittelerzeugung, der Art, Wälder zu bewirtschaften und Städte zu bewohnen, stattfinden.[10]

Das verdinglichte Verhältnis zum Lebendigen allein erklärt aber noch nicht das Ausmaß der Folgeschäden, die heute in so zahlreichen Feldern festzustellen sind: seien es Klimawandel, Zerstörung der Biodiversität, Verletzungen des Tierwohls, Verletzungen der gesamten Biosphäre unseres Planeten, ganz zu schweigen von den massiven Ungerechtigkeiten, die eine neokoloniale Globalisierungspolitik verursacht.

Eine enorme Dynamik erhält dieses Paradigma der neuzeitlichen Wissenschaft erst durch sein besonderes Verhältnis zum Konzept der Grenze sowohl in räumlicher wie in materieller Hinsicht. Es ist nämlich ein immerwährendes und grundsätzliches Überschreiten jeglicher Grenzen, das dieses Modell so wirkungsmächtig, aber in seinen Spätfolgen auch so problematisch macht. Waren in Antike und Mittelalter Maß und Mitte ebenso bestimmend für die Welten des Wissens wie für die Welten des Lebens, so wird, wie das folgende Kapitel zeigt, mit im Zuge der Entdeckung neuer Welten für das Projekt der experimentellen Wissenschaft und ihrer technischen Anwendung ein »Plus ultra« leitend. Dieser Fortschrittspfeil weist immer nach vorn.

## 2.2 Jenseits des Nonplusultra

Sowohl Inhalt wie auch Titelbild dieses Werkes lassen erkennen, wie die grenzüberschreitende Wissbegierde zur Weltbewegungsmacht werden konnte. Es handelt sich um das Werk »Novum Organum Scientiarum« (1620), übersetzt etwa »Neues Werkzeug der Wissenschaften«, des englischen Naturphilosophen und Juristen Francis Bacon, der auch für das geflügelte Wort »Wissen ist Macht« verantwortlich gemacht wird. Bacon hatte sein Werk als zweiten Teil einer auf sechs Teile angelegten, aber unvollendet gebliebenen »Instauratio magna« veröffentlicht. Der Werkkomplex war als Gegenstück zum ebenfalls aus sechs Schriften bestehenden »Organon« des Aristoteles gedacht und hatte nicht weniger zum Ziel als eine Neuordnung der Wissenschaft durch methodische Beobachtung

---

9　Vgl. WWF (2020 a), zu Schmetterlingen und Pestiziden vgl. Trusch (2019).
10　Vgl. EEA Report (2020).

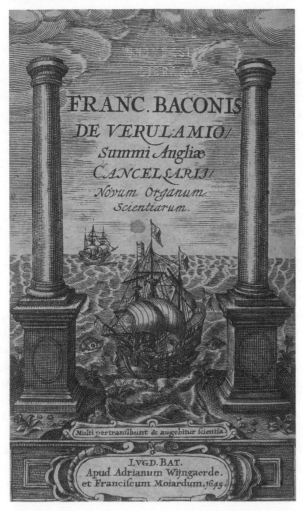

Abb. 4: Francis Bacon, Titelseite des »Novum Organum scientiarium«, 1620, Ausgabe 1645, Houghton Library, Harvard University.

der Natur und gesicherte Verfahren – also Experimente – zur Gewinnung von Erkenntnissen.[11]

Das Bild zeigt zwei Säulen, durch die auf bewegter See ein Schiff hindurchfährt, während ein weiteres auf den fernen Horizont zu segelt. Das Band zwischen den Säulen zeigt die Inschrift: »Multi pertransibunt & augebitur scientia« –

11  Vgl. Gamper (2009), 20 f.

»Viele werden hindurchfahren und das Wissen wird vermehrt werden« oder, mit Bezug auf das Buch: »Viele werden sich hindurcharbeiten«.

Ins Bild gesetzt sind die sogenannten Säulen des Herakles bei der Meerenge von Gibraltar, die in der Antike als die Grenzen der bekannten Welt galten. Hier war das »Non plus ultra« – »nicht darüber hinaus« –, das lange nicht nur die bekannte Welt, sondern auch das erreichbare Wissen eingrenzte. Zur Zeit Bacons war klar geworden, dass es sehr wohl eine Welt jenseits der Grenzen gab. Das betraf nicht nur den Ozean und die Entdeckung der sog. neuen Welt durch Kolumbus 1492, sondern auch die wissenschaftlichen Innovationen, die um die Wende zum 17. Jahrhundert mit Kepler, Galilei, Newton auf den Plan traten. In der Form »Plus ultra« gelangte der Spruch als persönliches Symbol Kaiser Karls V. auf das spanische Wappen.

Als Erster soll der sagenhafte Weltabenteurer Odysseus diese Grenze überschritten haben, wie Dante ihn im »Inferno« erzählen lässt. Diese Version der Odysseus-Erzählung kennt noch den Aspekt der Hybris, die den Grenzüberschreiter einholt; aus seiner Aktion folgt kein Gewinn an Welterkenntnis. Dies änderte sich in dem Maße, wie die spätmittelalterliche Kirche als Welterklärungsmacht im Schatten eines verborgenen Gottes zurücktrat.[12]

Hans Blumenberg (1920–1996) hat die Schritte der Grenzüberschreitungen auf den Spuren der Wissbegierde verfolgt. Er spricht von der Legitimierung der Neugierde, der Curiositas, die im Mittelalter noch in den Lasterkatalog gehörte. Wissen orientierte sich an Autoritäten der Kirche und der Antike; das Überschreiten der gesetzten Grenzen war aus unterschiedlichen und nicht immer unplausiblen Gründen unerwünscht. Mit der Rehabilitierung der theoretischen Neugierde begründet Blumenberg die Epochenschwelle zwischen Mittelalter und Neuzeit. Die Befreiung der Neugierde aus dem Lasterkatalog und damit die Ermächtigung der menschlichen Vernunft markieren die epochale Wende zur Neuzeit. Damit trat eine Tendenz in den Vordergrund, die sich über die Epoche des Mittelalters hinweg im Schoße der theologischen Philosophie entwickelt hatte.[13]

Francis Bacon nimmt hier eine Schlüsselposition ein.[14] Er begründet die Idee eines dem Menschen zustehenden Rechts auf Erkenntnis, auf Wissenschaft. Nicht mehr die anerkannten Autoritäten der Antike und des Mittelalters oder die aus Herkommen, Gewohnheit und Volksglaube verwobenen Ideologien sollen als Säulen des Herakles dem Forschen Grenzen setzen. Hatte sich die Menschheit bisher aus Sorglosigkeit, Selbstunterschätzung und Trägheit in engen Grenzen gehalten, so bietet sein Werk nun Mittel und Werkzeuge, damit der

---

12 Vgl. Fischer (2017), 129 ff.; Jochum (2017).
13 Wie eng die Beziehungen zwischen Glauben und Wissen z. B. in der Scholastik waren, hat Jürgen Habermas gezeigt; vgl. Habermas (2019), Band 1.
14 Blumenberg (1966), 394 ff., 447 ff.

Mensch von seinem natürlichen Recht gegenüber der Natur Gebrauch machen könne. Nun geht es also nicht mehr um die anschauende Betrachtung der sich darbietenden Dinge wie in der Antike, sondern Wissenschaft wird kraft Methode zur Arbeit. Es ist die »angestrengte Veränderung der Wirklichkeit«, die Aufschluss gewährt, so Blumenberg,[15] wir dürfen ergänzen: durch Werkzeuge wie etwa das Fernrohr und durch das Experiment. Mit dieser Wendung zu einer Wissenschaft der künstlich veränderten Natur, die durch Experimente erschlossen wird, bahnt Bacon der Methodik der in den modernen Industrieländern praktizierten, technisch geprägten Naturnutzung den Weg. Horkheimer und Adorno gilt Bacon in der »Dialektik der Aufklärung« daher als Initiator einer instrumentellen Vernunft, die einerseits den Menschen die Furcht nehmen will, andererseits aber in ihrer Konsequenz dazu eingesetzt wird, um Natur und Menschen vollends zu beherrschen.[16] Unter dem Titel »Das Bacon-Projekt« (1993) ist diese ganze Richtung im Zeichen Bacons aus der Perspektive der eingetretenen Technikfolgeschäden bewertet worden.[17]

Es scheint auf der Hand zu liegen, dass die Entgrenzungen der materiellen und mentalen Räume auch etwas mit der heute so genannten Globalisierung zu tun haben. Als Wegbereiter der Postwachstumsdiskussion hat der Club of Rome 1972 wieder die Frage nach den »Grenzen des Wachstums« gestellt. Damit wurde ein wirkmächtiges alternatives Paradigma zum »Bacon-Projekt« eröffnet. Heute beschäftigt sich die Erdsystemwissenschaft mit dem Konzept der planetaren Grenzen. Ein internationales Forscherteam hat erstmals 2009 neun zentrale Bereiche definiert, die für das globale System überlebenswichtig sind. Seitdem kommuniziert die Wissenschaft, wo Überlastungsgrenzen überschritten sind oder sich nähern. Allen voran sind es der Klimawandel und die Zerstörung der Biodiversität, die am dringlichsten hervortreten.[18] Die enorme und zerstörerische Dynamik des Projektes der permanenten Grenzüberschreitung zeigt das Modell der »Great Acceleration«, das für zwölf sozio-ökonomische Megatrends und zwölf ökologische Erdsystem-Megatrends eine rasante Beschleunigung der Entwicklungsverläufe und Auswirkungen nachweist.[19] Der Soziologe Hartmut Rosa hat diese Falle der Moderne in seinen Arbeiten als dynamische Stabilisierung bezeichnet, die mittlerweile zu einem strukturellen Zwang geworden ist. Wir brauchen das »Plus ultra«, um überhaupt nur den Status quo zu halten:

15 Blumenberg (1966), 449.
16 Vgl. Horkheimer, Adorno (1969/2019), Frankfurt a.M., 10.
17 Vgl. Schäfer (1993).
18 Potsdam Institut für Klimafolgenforschung (2015), ebd. (2019), sowie Bundesministerium für Umwelt, Naturschutz und nukleare Sicherheit (o.J.). Zu den planetaren Grenzen vgl. Ellis (2020, 179), der darauf verweist, dass das Konzept in jüngerer Zeit hinsichtlich der wissenschaftlichen Beweise für Kipppunkte im Erdsystem infrage gestellt wird.
19 Vgl. Global IGPB Change (2015), Ellis (2020) 75ff., sowie Bundeszentrale für politische Bildung bpb (2018).

Moderne Gesellschaften sind dadurch gekennzeichnet, dass sie ihre Teilbereiche und ihre Sozialstruktur nur noch dynamisch zu stabilisieren und zu reproduzieren vermögen; sie gewinnen Stabilität gleichsam in und durch Bewegung, wobei diese Bewegung genauer als eine Steigerungsbewegung bestimmt werden kann.[20]

Welche Verheißungen das seinerzeit noch neue und »unschuldige« Paradigma des Fortschritts bot, wird aber ebenfalls bei Bacon sichtbar: Endzweck allen Forschens und aller Technologie ist für ihn, das Leben der Menschen zu verbessern, eine neue Welt für sie zu schaffen als ein reales Paradies auf Erden, das dem Ende der Welt vorausgeht. In seiner unvollendeten Utopie beschreibt er dieses »Neue Atlantis«. Hier werden im Rahmen einer staatlichen Wissenschaftsorganisation künstliche Minerale, Metalle und Kunstdünger sowie spezielle Pflanzen- und Tierzüchtungen entwickelt. Man beherrscht technisch herbeigeführte Wetterveränderungen, es gibt Windkraftanlagen, eine Wasserwirtschaft und diverse Gesundheitsanlagen. Tierversuche sollen helfen, den menschlichen Körper besser zu verstehen. Lebensmittel werden für spezielle Verwendungen bearbeitet und Laboratorien dienen der Erzeugung von Heilmitteln. Zur Heizung erzeugt man eine technische Art von Solarwärme und nutzt Naturstoffe. Fernrohre und Mikroskope sind ebenso vorhanden wie Hörhilfen. Eine Mechanikwerkstatt sucht nach besseren Antrieben für Maschinen und Fahrzeuge. Man ahmt den Vogelflug nach und lässt Schiffe unter Wasser fahren. Fast überflüssig zu erwähnen, dass das neue Atlantis auch über künstliche Menschen, Tiere und Automaten verfügt, ebenso über ein Haus, in dem Illusionen, Blendwerke und alle möglichen Arten von Gaukeleien vorgespiegelt werden. Kurz: wissenschaftlich-technische Innovationen sind hier die Treiber des Fortschritts zum Glück.[21]

Jürgen Habermas erhellt den religiösen Hintergrund dieser Heilsgewissheit. Bacon konnte als Calvinist die technische Naturbeherrschung in den Heilsplan Gottes einordnen, der der gefallenen Menschheit die Wiederherstellung paradiesischer Zustände quasi als kollektives Projekt aufgegeben hat.[22] Bacon gibt damit dem technologischen Fortschritt einen Überschuss an Heilsgewissheit mit, der später implizit weiterhin im Versprechen der Technologie mitschwingen wird.

Wenn im Zuge der Klimapolitik die Frage diskutiert wird, ob man sich zur Begrenzung des Klimawandels auf technische Innovationen verlassen dürfe oder gerade diese die Menschheit in die Probleme der Gegenwart hineingeführt hätten, ob eher Nullwachstum und Genügsamkeit angesagt seien als weitere Expansionen, so erkennen wir nun im »Bacon-Projekt« die Umrisslinien der tiefen kulturellen Prägung, die die Moderne des Westens geformt hat. Sowohl das Großprojekt der Demokratisierung des Wissens durch nachvollziehbare Methodik als auch die Ausrichtung des technologischen Fortschritts auf Wohl-

---

20  Rosa (2016), 673.
21  Vgl. Bacon (2017), 205 ff., vgl. auch Roeck (2017), 979 ff.
22  Habermas (2019) 2, 119 f.

stand und gesellschaftlichen Fortschritt haben viele Versprechungen erfüllt. Der Rückblick auf Bacon mag aber auch bewusst machen, dass die Verheißungen des Fortschritts im nachmetaphysischen Zeitalter keinem göttlichen Gesetz mehr entsprechen, sondern einer kontinuierlichen kollektiven Überprüfung bedürfen. Das Glück der Menschheit ist schließlich heute so gefährdet durch menschliche Einwirkung, dass die Etablierung eines neuen geologischen Zeitalter-Begriffs (»Anthropozän«) naheliegt.

Auf der Suche nach den Kipp-Punkten der Wissensgeschichte, den Punkten also, wo die Sache anfing schiefzugehen, erweist sich noch ein weiterer Schritt als von großer Tragweite. Nicht ohne Grund wird mit dem Prometheus-Mythos bis in die Gegenwart die Frage der Herkunft und Zukunft unserer Energieversorgung verbunden.

## 2.3 Rebellen: Die Große Transformation I

Die Erfolgs- wie auch die Katastrophengeschichte des Fortschritts ist engstens mit einer Technologie verbunden, die auf die Ausbeutung fossiler Brennstoffe setzt. In diese Richtung hat sich in der Kulturgeschichte der Mythos des Prometheus entwickelt, der seit der Antike als gefesselter oder entfesselter Titan der Zivilisation die Ambivalenz ebendieser spiegelt. Christof Mauch, mit Helmuth Trischler Direktor des »Rachel Carson Center«, zitiert den Prometheus-Mythos als Bild für das Schlüssel-Dilemma der Menschheit. Er erörtert drei ökologische »Fallen«, die dieses Dilemma verdeutlichen: die Falle der Energieversorgung, die Falle der Ernährung und die Falle der Industrialisierung. Auf allen drei Feldern spielt die menschliche Kontrolle über das Feuer eine wesentliche Rolle.[23] Bereits Paul Crutzen, der Anfang der 2000er-Jahre die Anthropozän-Debatte entfacht hatte, sah in der frühmenschlichen Beherrschung des Feuers einen wesentlichen Schritt auf dem langen Weg ins Anthropozän, mit weiteren Stationen bei der industriellen Revolution sowie der »Großen Beschleunigung« ab 1950.[24] Der amerikanische Professor für Geografie und Umweltsysteme Erle C. Ellis, selbst Mitglied der Arbeitsgruppe Anthropozän der »International Commission on Stratigraphy« (ICS) nutzt ebenfalls die Metaphorik des Prometheischen, um den wissenschaftlich-technologischen Fortschritt in eine konstruktive Beziehung zu »Gaia«, der Erde, zu setzen.[25]

Die »prometheische Kultur«, so der Titel eines Sammelbands, der die Frage nach der Herkunft unserer Energien stellt, ist an einen Punkt gelangt, wo die Möglichkeiten und Grenzen des Fortschritts hinsichtlich gesamtgesellschaft-

---

23  Mauch (2019), 6 ff.
24  Steffen, McNeill, Crutzen (2008); Ellis (2020), 76.
25  Vgl. Ellis (2020), 70, 203 ff.

*Abb. 5:* Heinrich Friedrich Füger (1751–1818), Prometheus bringt den Menschen das Feuer, 1817, Leinwand, 55 × 41,5 cm, Gemäldegalerie Alte Meister Kassel.

licher Zielsetzungen zur Debatte stehen. Es stellt sich die Frage nach der Regierbarkeit der technologischen Entwicklungen bis hin zu deren Verknüpfung mit politischen Regimes.[26]

Der »Wissenschaftliche Beirat der Bundesregierung Globale Umweltveränderungen« leitet aus dieser Thematik die Notwendigkeit eines neuen Gesellschaftsvertrags für eine neue Große Transformation ab. Der Begriff bezieht sich auf die Publikation »The Great Transformation«, mit der Karl Polanyi 1944 die Entwicklungen bezeichnete, die im 19. Jahrhundert mit der industriellen Revolution zu umfassenden Veränderungen in Wirtschaft und Politik geführt hat-

---

26  Leggewie, Renner, Risthaus (Hrsg., 2013).

ten. Polanyis Kritik richtet sich auf eine Marktwirtschaft, die aus systemischen Gründen sowohl die Bedürfnisse der Menschen ignoriert als auch ihre eigenen Lebensgrundlagen zerstört. Aus Natur einen Markt gemacht zu haben gehört bei Polanyi zu den absurdesten Unternehmungen dieses Systems.[27] Das Hauptgutachten, das bereits im Jahr 2011 entstand, entwickelt als Antwort auf die Klimakrise das umfassende Programm einer neuen »Großen Transformation« im globalen Maßstab zu einer postfossilen Gesellschaft. Auch hier wird die vorausgegangene Transformation der Agrargesellschaft zur Industriegesellschaft im 19. Jahrhundert vor allem als ein Wechsel des Energieregimes beschrieben.[28]

Der Umwelthistoriker Rolf Peter Sieferle, der postum durch seine neurechte Wende bekannt wurde, spitzt den Gedanken zu der These zu, dass die Sonderstellung Europas und der westlichen Welt als Speerspitze der Moderne – der »europäische Sonderweg« – sich in erster Linie der Nutzung fossiler Brennstoffe verdanke.[29] Die politische Dimension des Themas wird deutlich, wenn Claus Leggewie darauf hinweist, dass praktisch alle populistischen autokratischen Regimes der Gegenwart sich einer Klimapolitik verweigern.[30] Das Narrativ des heldenhaften prometheischen Zeitalters kreativer Technologien als Signum deutscher Nationalkultur war besonders im der NS-Zeit gepflegt worden; so war Fügers Gemälde (Abb. 5) spätestens 1940 in Reichsbesitz übergegangen und für das von Hitler geplante Museum in Linz vorgesehen.[31]

Prometheus, Titan, der den Menschen das Feuer brachte, und Rebell gegen die Gebote der Götter, ist schon in der Antike mit einem Kranz unterschiedlicher und zum Teil widersprüchlicher Geschichten umgeben worden. Er hatte, so eine Version des Mythos, einen Menschen aus Lehm erschaffen und zu seiner Belebung das göttliche Feuer geraubt. Diese Geschichte sehen wir in dem Gemälde von Heinrich Friedrich Füger. Prometheus wird mit dieser Variante zum Leitbild des schöpferischen Genies und zum Urvater künstlicher Menschen etwa in der Frankenstein-Geschichte. In einer anderen Geschichte stiehlt er das Feuer für die Menschen, nachdem es ihnen von den Göttern aufgrund eines von Prometheus veranlassten Opferbetrugs entzogen worden war. Diese rebellische Tat macht ihn zum Heros des Widerstands gegen Autorität schlechthin. Mit dem Feuer verbinden sich auch im antiken Mythenkreis zivilisatorische Errungenschaften in Gestalt von Wissenschaften und Künsten, die Prometheus die Menschen lehrt. Die Strafe der Götter, die ihn ereilt, – er wird an den Kaukasus gefesselt, wo ein von Zeus gesandter Adler an seiner Leber zehrt – schuf das berühmte Bild des

---

27 Polanyi (2019), 243.
28 WBGU (2011), 92 ff.
29 Vgl. Sieferle (2003). Die Entwicklung freiheitlicher Institutionen und der Menschenrechte sind in dieser Lesart nicht ausschlaggebend.
30 Leggewie (2019).
31 Vgl. Heraeus (2003).

gefesselten Prometheus. Der entfesselte Prometheus wiederum – eine Metapher, die vor allem die Technikkritiker immer wieder aufgreifen – ist eng verbunden mit der Geschichte der Pandora, die Zeus als Strafe für den Feuerraub zu den Menschen schickte. Dem Gefäß der Pandora entweichen zahlreiche Plagen, die fortan die Menschheit heimsuchen. Die beiden Motive des von Herkules entfesselten Titans und der Verbreitung der Übel durch die von ihm herabbeschworene Pandora verknüpfen sich offenbar mit der Zeit zu einem Narrativ, das von Unheil erzählt.[32]

Dass das 19. Jahrhundert den Prometheus-Mythos mit technischem Fortschritt in einer optimistischen Lesart verband, zeigt ein Zitat, das den kürzesten Weg vom Titanentrotz zur Lokomotive nimmt:

Es ist das trotzige Glaubensbekenntniß des Prometheus, es ist sein demütig stolzes Wort: ›Hast Du nicht alles selbst vollendet, heilig glühend Herz!‹ was wir sichtbar-unsichtbar auf die Stirn jeder Lokomotive geschrieben sehen, die über himmel-hohe Brücken und durch Tunnel, schwarz wie der Erebus, dahindonnert; was hörbar-unhörbar jeder Telegraphenapparat in tausendfältigem Takt und Rhythmus tickt und hämmert.[33]

Der demokratisch und liberal gesinnte Schriftsteller Friedrich Spielhagen (1829–1911) zitiert Goethes Prometheus-Hymne, die das wichtigste Bindeglied zwischen der antiken Prometheus-Literatur und der Moderne darstellt. An der Wirkungsgeschichte dieses Textes wird deutlich, dass das 18. und 19. Jahrhundert den Fortschritt eigentlich anders konzipiert hatte, als der ökologische Blick von heute aus erwarten lässt. Für fortschrittliche Literaten und Gesellschaftsrevolutionäre ist Prometheus eine durchweg positive Figur, der Lichtbringer der Aufklärung und heldenhafte Kämpfer gegen Herrschaft und Unterdrückung. Die triumphale Geste des Prometheus in Fügers Darstellung reflektiert diesen Optimismus.[34]

Goethes Prometheus-Hymne ist allerdings sehr viel komplexer angelegt und lässt einen gradlinigen Fortschrittsoptimismus weit hinter sich. Viele der Motive, die in diesem Werk anklingen, leiten über in eine ambivalente Moderne, in der die Menschen, ohne Absicherung durch eine metaphysische Weltordnung, die Verantwortung alleine tragen für die Potenziale des Fortschritts wie der Zerstörung.

Spielhagen bezieht sich mit dem trotzigen Glaubensbekenntnis des Prometheus auf einen Akt der Autonomisierung des Subjekts, mit dem Goethes Gedicht schließt:

---

32  Leggewie, Renner, Peter (Hrsg., 2013), 12 ff., und Howatson (Hrsg., 1996), 528.
33  Zit. n. Reinhardt (1991/2004), 4.
34  Zur Rezeption in Literatur und Kunst vgl. Reinhardt (1991/2004).

Hier sitz ich, forme Menschen
Nach meinem Bilde,
Ein Geschlecht, das mir gleich sei,
Zu leiden, zu weinen,
Zu genießen und zu freuen sich,
Und dein nicht zu achten,
Wie ich![35]

Die Energie dieses Aktes der Selbstermächtigung bezieht Goethe auch von des Prometheus Bruder im Geiste, dem Lichtbringer Luzifer; auch dieser ein Rebell gegen den Gotteswillen und Held der Emanzipation freier Subjektivität. John Miltons Gestaltung der Figur in seinem Epos »Paradise Lost« (1667) hat dem Typus des satanischen Rebellen im 18. Jahrhundert eine enorme Resonanz verschafft. Luzifers Rede im 5. Buch offenbart in der Tat revolutionäres Potenzial in dem Appell an die in ihrer Freiheit Gleichen, die er zum Aufstand gegen die Macht Gottes aufruft:

Ihr, wenn nicht alle gleich, doch sämmtlich frei,
Und in der Freiheit gleich, denn Rang und Stand
Entfernt nicht Freiheit, sondern wächst in ihr.
Wer also kann denn mit Vernunft und Recht
Die Herrschaft über solche sich erzwingen,
Die nach dem Rechte seines Gleichen sind,
An Freiheit gleich, wenn minder auch an Macht?[36]

Der Lichtträger Luzifer zeigt, wie wirkungsmächtig der Appell an die Freien und Gleichen die politische Ebene ins Spiel bringt. Die Rebellion im Namen von Vernunft und Recht leitete aber auch ein Zeitalter des Anthropozentrismus ein, der als Voraussetzung zahlreicher Entwicklungen gelten kann, die zum heutigen erdsystemischen Krisenszenario geführt haben.[37]

Über seine Prometheus-Hymne wurde Goethe in den sogenannten Pantheismus-Streit hineingezogen. Bei dieser fundamentalen Auseinandersetzung zwischen Wissen und Glauben ging es um ein zentrales Thema der Moderne, nämlich um die Möglichkeiten einer vernünftig aufgeklärten Religiosität, deren Grenzen zum Atheismus aber als fließend wahrgenommen wurden. Goethes Prometheus-Hymne wurde für die Seite der Pantheisten in Anspruch genommen, die den persönlichen Gott der Tradition durch das »Eins und Alles« Spinozas ablösen wollten.[38]

---

35  Goethe (1827/1977 a), 321.
36  Milton (1674/2013), 5. Gesang, 116.
37  Der Begriff »Anthropozän« ist davon abzugrenzen, da es hier um eine reflexive Bewusstmachung der Handlungsmacht des Menschen geht. Damit beinhaltet das Anthropozän-Konzept kritische Potenziale gegenüber den zerstörerischen Kräften des Anthropozentrismus.
38  Vgl. Reinhardt (1991/2004), 27 ff.

Neben die Motive der Kreativität, der Rebellion gegen die Herrschaft und der Autonomisierung des Subjekts tritt damit auch der historische Prozess der Säkularisierung, der das Göttliche und schließlich auch das Metaphysische aus der Welt verbannte. Prometheus wird so zum Boten eines nachmetaphysischen Denkens im säkularen Zeitalter und einer anthropozentrischen Wende.[39] In dieser Perspektive betrachtet, leitet Goethes Gedicht über in das Zeitalter des Menschen, das im 21. Jahrhundert mit dem Begriff»Anthropozän« belegt wurde. Paul Crutzen, der den Begriff im Jahr 2000 in die Debatte gebracht hatte, datierte den Beginn dieses Zeitalters des Menschen mit guten Gründen auf das Ende des 18. Jahrhunderts, auch wenn heute andere Zeitspannen diskutiert werden.[40]

Die Aufmerksamkeit der Akteure im Anthropozän-Diskurs richtete sich ja zunächst auf das Ziel, aus der Nutzung fossiler Brennstoffe auszusteigen, um den Klimawandel zu stoppen. Mit dem Ende des »prometheischen Zeitalters« verbinden sich aber tiefgreifende Transformationsprozesse, deren Ausmaß, Erfolgsaussichten oder Scheitern noch kaum abzusehen sind. Was in diesem Kontext»Fortschritt« bedeutet und wie mit den Katastrophen der Technologieentwicklung, der Klimakrise und der Bedrohung der Artenvielfalt und damit der gesamten Biosphäre umzugehen ist, bleibt in vieler Hinsicht offen. Das liegt auch daran, dass im 21. Jahrhundert die großen Krisenthemen in den Sog der Propaganda regressiver politischer Systeme geraten, die deren Leugnung zum Programm erheben.

---

39  Vgl. Charles Taylor, 2009. Zur anthropozentrischen Wende im 18. Jahrhundert vgl. Fick (2020).
40  Vgl. Crutzen, Stoermer (2000) und Crutzen (2002) sowie Ellis (2020), 72 f.

*Abb. 6:* Paul Klee, Angelus Novus, 1920. Aquarellierte Zeichnung, 31,8 × 24,2 cm, Israel-Museum, Jerusalem.

# 3. Das Zeitalter der Menschen

## 3.1 Fortschritt als Katastrophe: Der Engel der Geschichte

Paul Klees kleine Farbzeichnung ist durch die Geschichte ihrer Interpret*innen und Interpretationen berühmt geworden. Sie befindet sich heute in der Kollektion des Israel-Museums in Jerusalem, was schon auf eine außergewöhnliche Migrationsgeschichte hinweist.

Paul Klee (1879–1940) hatte den ersten Weltkrieg als Soldat im Einsatz hinter der Front überlebt. Er schuf seinen »Angelus Novus« im Jahr 1920, nachdem er sich 1919 der Räterepublik in München angeschlossen hatte, nach deren Niederschlagung er nach Zürich flüchten musste.[1] Das Motiv steht in seinem Werk nicht allein. Klee hat zahlreiche Engel gezeichnet, Mischwesen zwischen Menschlichem und Göttlichem, aber ohne Pathos und Erhabenheit, leicht, skurril, verspielt und uneindeutig. Sie durchziehen sein gesamtes Werk und haben ihn sein Leben lang als Medien der Lebens- und Zeitgeschichte begleitet. Die Engel gehören zu den beliebtesten Werken Klees, sind immer wieder in Ausstellungen vertreten und haben auch als poetische Lebenshelfer in zahlreichen Reproduktionen Popularität erlangt.[2] Unser Beispiel zeigt ein in zarten Braun-Gelbtönen gehaltenes, aus verschlungenem Liniengewebe konstruiertes Wesen, dessen Füße ein wenig an einen Vogel erinnern. Die erhobenen Arme oder Flügel wirken eher klein gegenüber dem überdimensionierten Kopf mit den großen dunklen Augen und dem eigenartigen, an aufgerollte Papierwickel erinnernden Lockenschopf. Es bleibt unklar, ob dieses Wesen fliegt, schwebt oder zurückweicht. Als Bild allein, ohne seinen Kontext, bleibt Klees »Angelus Novus« ein Rätsel.

Als »Engel der Geschichte« ist er zum Bedeutungsträger geworden, der ein sehr dunkles Bild ebendieser Geschichte und des mit ihr verbundenen Fortschritts heraufbeschwört. Mit der Geschichte des Bildes verbindet sich die Geschichte des deutschen Nationalsozialismus und des zweiten Weltkriegs. Die es in Händen hielten, gehören zu den großen Intellektuellen des 20. Jahrhunderts, deren kritische Sicht viel zur Relativierung eines ungebrochenen Fortschrittsoptimismus beigetragen hat.

Die Bezeichnung als »Engel der Geschichte« stammt von dem Philosophen Walter Benjamin (1892–1940), der das Bild 1921 erworben hatte und es zurücklassen musste, als er 1933 vor den Nationalsozialisten floh. 1935 brachten

---

1 Vgl. Paul Klee Zentrum (2020), vgl. zum Folgenden: Eberlein (2006).
2 Vgl. Paul Klee Zentrum (2013).

Freunde ihm das Bild nach Paris, wo es zurückblieb, nachdem Benjamin die Stadt 1940 wegen des Vormarsches der deutschen Truppen verlassen musste. Der französische Schriftsteller Georges Batailles versteckte das Bild, Ende des Krieges ging es an Theodor W. Adorno und von diesem an Gershom Scholem, durch den es nach Jerusalem gelangte. Walter Benjamin hat sich auf der Flucht Ende 1940 an der Grenze nach Spanien das Leben genommen.[3] Geschichte als Abfolge von Katastrophen – Benjamin hat diese Interpretation nicht nur mit seinem Leben und Sterben beglaubigt; sie bildet auch den Ausgangspunkt für viele zukünftige Deutungsversuche der »großen Erzählungen« von Geschichte und Fortschritt:

Es gibt ein Bild von Klee, das Angelus Novus heißt. Ein Engel ist darauf dargestellt, der aussieht, als wäre er im Begriff, sich von etwas zu entfernen, worauf er starrt. Seine Augen sind aufgerissen, sein Mund steht offen und seine Flügel sind ausgespannt. Der Engel der Geschichte muß so aussehen. Er hat das Antlitz der Vergangenheit zugewendet. Wo eine Kette von Begebenheiten vor uns erscheint, da sieht er eine einzige Katastrophe, die unablässig Trümmer auf Trümmer häuft und sie ihm vor die Füße schleudert. Er möchte wohl verweilen, die Toten wecken und das Zerschlagene zusammenfügen. Aber ein Sturm weht vom Paradiese her, der sich in seinen Flügeln verfangen hat und so stark ist, daß der Engel sie nicht mehr schließen kann. Dieser Sturm treibt ihn unaufhaltsam in die Zukunft, der er den Rücken kehrt, während der Trümmerhaufen vor ihm zum Himmel wächst. Das, was wir den Fortschritt nennen, ist dieser Sturm.[4]

Fortschritt, das ist der Sturm, der unaufhaltsam in die Zukunft treibt. Der Blick zurück, in die Vergangenheit, enthüllt Geschichte als Katastrophe, die unablässig Trümmer auf Trümmer häuft. Benjamins ungemein komplexer Text zieht die Betrachter*in in eine Dramaturgie hinein, die einen Spannungsbogen, vom Bild ausgehend, in eine Vision des Geschichtsverlaufs selbst hinein entwirft. Schon Benjamins Bildbeschreibung deutet mit dem Konjunktiv des »wäre« – »als wäre er im Begriff« – den spekulativen Charakter seiner Deutung an. Mit dem Satz »Der Engel der Geschichte muß so aussehen« leitet er über zu einer Vision des Engels der Geschichte, die von der Geschichte selbst handelt und nur noch lose mit dem Bild Klees verbunden ist. Dabei spielen die räumlichen Konstellationen der folgenden geradezu szenischen Darstellung, in welche die Betrachter*innen einbezogen sind, eine Rolle: Wenn der Engel sich nach hinten bewegt und das Antlitz der Vergangenheit zuwendet, so blicken wir auf das Gleiche wie der Engel, aber in unterschiedlichen Interpretationen: Was uns als Kette von Begebenheiten erscheint, ist im Blick des Engels jene »Katastrophe, die unablässig Trümmer auf Trümmer häuft«. Das Paradies, von dem der Sturm ausgeht, der den Engel nach hinten treibt, liegt in unserem Rücken. Der Lauf der Geschichte bewegt sich somit nicht auf das Paradies zu, sondern von ihm weg. Der Engel

---

3  Vgl. Eberlein (2006), 19 ff.
4  Benjamin (1940), 691 ff.

wird von diesem Sturm in eine Zukunft getragen, die er nicht sehen kann, da sie in seinem Rücken liegt. Die Ergebnisse dieses »Fortschritts« aber häufen sich als Trümmer unablässig zu seinen Füßen. Möchte er auch die Flügel schließen, innehalten, »die Toten wecken und das Zerschlagene zusammenfügen«, so ist das nicht möglich, denn der Sturm erlaubt ihm dies nicht. Wir als Betrachter*innen sind in die Dynamik der unaufhaltsamen Bewegung genauso eingebunden wie der Engel, Blick in Blick getaucht reißt es uns immer weiter fort vom Paradies in unserem Rücken. So wird der Mensch ohnmächtig durch eine Geschichte getrieben, die im Auge des Engels Trümmer auf Trümmer häuft, von einem Sturm, den wir Fortschritt nennen.[5]

Die große Philosophin Hannah Arendt (1906–1975), die Walter Benjamin in seinen letzten Lebensjahren sehr verbunden war, hat ihm und seiner poetologischen Denkmethodik 1968 einen bedeutenden Essay gewidmet. Hier spricht sie auch den »Engel der Geschichte« an und rückt ihn in eine Perspektive, bei der es ihr vor allem auf das spezifisch metaphorische Denken Benjamins ankommt. Diesen Ansatz greift der Literaturwissenschaftler Amir Eshel in seinem Essay »Dichterisch denken« ebenfalls am Beispiel des »Engels der Geschichte« wieder auf. Eshel ruft Arendt und Benjamin zu Kronzeugen des dichterischen Denkens auf, weil er zeigen möchte, wie Kunstwerke mit ihren spezifischen Mitteln ein freies, kreatives Denken in die Welt setzen können, das in der Zeit immer weitere Denkmöglichkeiten entfaltet. Dabei spielen die Gedanken der Künstler*innen ebenso eine Rolle wie die Interpretationen und Gedanken, die dem Werk durch Leser*innen, Kritiker*innen, Studierende, Wissenschaftler*innen und andere Künstler*innen im Laufe der Zeit hinzugefügt werden. Benjamins Interpretation des »Angelus Novus« von Paul Klee als »Engel der Geschichte« ist ein gutes Beispiel für ein solches Kunstwerk, das eine Sinnspur durch die Zeit legt.[6]

In der Nachkriegszeit hat der Künstler HAP Grieshaber (1909–1981) das Motiv des »Engels der Geschichte« wieder aufgenommen und daraus eine Zeitschriftenreihe entwickelt (1964–1981). Es entstanden 23 Bild-Text-Werke in Zusammenarbeit mit Künstler*innen wie Heinrich Böll, Sarah Kirsch, Walter Jens oder Franz Fühmann. Jede Ausgabe widmet sich einem aktuellen politischen Thema und jeder Ausgabe geht der Text Walter Benjamins zu Paul Klees Werk voraus, um zu definieren, in welchem Bezugsrahmen die Texte und Grafiken sich bewegen. HAP Grieshaber dokumentiert hier ein gesellschaftspolitisches Engagement, das sich aus dem entschiedenen Willen zum Neuanfang nach der Nazizeit speist. Die Stellungnahmen gegen rechte Diktaturen, wie seinerzeit in

---

5 Vgl. Weigel, die zeigt, dass Benjamins Text auf eine Gedichtstrophe Scholems antwortet. Weigel (2011), sowie Rokem (2008), der insbesondere auf die dramaturgische Inszenierung des Textes hinweist.

6 Vgl. Arend (1968), Eshel (2020), 23 f.

Griechenland und Chile, setzen hier ebenso Zeichen wie der Einsatz für Ökologie und der Kampf gegen die Atomkraft.[7]

Konnte noch Benjamin in seinem Geschichtsbild auch messianische Hoffnungen mitschwingen lassen: »Er möchte wohl verweilen, die Toten wecken und das Zerschlagene zusammenfügen«, so hat die Erzählung vom Fortschritt als Katastrophe später pessimistische und höchst kritische Geschichtsdeutungen inspiriert. Es ist nicht schwer, in der Zeit nach dem Zweiten Weltkrieg dem technisch-wissenschaftlichen Fortschritt eine grundsätzliche Skepsis entgegenzubringen: Zwei Weltkriege hatten ein immer effizienteres Arsenal von Vernichtungswerkzeugen hervorgebracht. Wissenschaftler*innen waren nicht durchweg in der Emigration oder im Widerstand; sie hatten sich mit dem Nationalsozialismus verbündet und eine Rassentheorie erfunden. Sie hatten an der Konstruktion von Kriegswaffen mitgewirkt, die Atombombe entwickelt und die Kernkraft als Zukunftstechnologie propagiert. Daraus entwickelte sich eine Vertrauenskrise gegenüber Wissenschaft generell, die sich in den 1968er-Jahren in wissenschaftskritischen Grundsatzdiskussionen entlud. Mit dem Erstarken der Ökologiebewegung gelangten die Folgeschäden und unbeabsichtigten Nebenwirkungen der Technisierungsprozesse an Natur und Umwelt auch ins Blickfeld der Öffentlichkeit.

Hannah Arendt hatte den »Engel der Geschichte« schon in ihrer Untersuchung über »Elemente und Ursprünge totaler Herrschaft« zitiert, und zwar hier im Kontext einer Geschichte der Macht. Im Horizont dieser Geschichte der Macht wurde die Fortschrittsideologie des 19. Jahrhunderts, so Arendt, seit ihrer Entstehung durch eine pessimistische Untergangsstimmung begleitet.[8] Die Geschichte dieser Untergangsstimmung erzählt von Trauer um verlorene Traditionen, von Entfremdungserfahrungen, Abstiegsängsten und dem Verlust angestammter Besitzstände. Industrialisierungsprozesse hatten die Lebenswelten der Menschen fortlaufend und entscheidend verändert, nicht überall zum Besseren. Die moderne Zivilisation erschreckte die Bürger*innen durch immer weiter um sich greifende Großstädte, die mit grauen Armutsmassen und einer bunten Bohème ein ungeheures Spektrum von Lebensmöglichkeiten boten. Die Anforderungen an Mobilität und Anpassungsbereitschaft stiegen ständig, die sozialen Unterschiede wuchsen. Maschinen lösten Handarbeit ab, was zu sozialen Umwälzungen, Wanderungsbewegungen und Verelendung der Arbeiter*innen führte. Die Industrialisierung veränderte nicht nur die Lebensumstände der Menschen, sondern im 19. Jahrhundert bereits sichtbar auch die natürliche Umgebung: Eisenbahnschienen durchschnitten Berge und überwanden Täler, Fabrikschlote verqualmten die Luft, diverse Flurbereinigungen und Meliori-

---

7  Vgl. »HAP Grieshaber und der Engel der Geschichte«, Film von Ludwig Metzger (WDR 1996), unter: https://www.youtube.com/watch?v=D4BeYX8M51w, letzter Zugriff: 8.1.2021.
8  Arendt (1986), 323 ff.

sationsprojekte rückten den Hecken, Ödflächen, Mooren und gewundenen Flussläufen zu Leibe.

Im 20. Jahrhundert, in der Zeit nach dem Zweiten Weltkrieg, war eine generelle Technikkritik vor allem durch das Ausmaß an Inhumanität, das sich im Nationalsozialismus gezeigt hatte, motiviert. Mit dem Holocaust war das schier Undenkbare hervorgetreten. Die systematische, maschinelle und industrialisierte Vernichtung von Menschen lenkte den Blick auf die destruktiven Potenziale des Fortschritts. Max Horkheimer und Theodor W. Adorno, prominente Vertreter der »Frankfurter Schule«, untersuchen dieses Umkippen der Aufklärung ins Inhumane in ihrer für die 1968er-Bewegung folgenreich gewordenen »Dialektik der Aufklärung«, 1944 in englischer, aber erst 1969 in offizieller deutscher Ausgabe erschienen. Die »Dialektik der Aufklärung« vertiefe die Entfremdung der Menschen von der Natur, aber auch von einer Welt, die sie selbst geschaffen haben, so ihre These. Horkheimer und Adorno sehen die Gefährdungen der Aufklärung schon in ihr selbst angelegt.

Auch sie berufen sich auf Francis Bacon als Vater der experimentellen Methodik, um zu zeigen, dass die Motive, die später den Umschlag von Vernunft in Irrationalität bewirken, hier alle schon versammelt sind: Wissen ist Macht und Technik ist das Wesen dieses Wissens. Das Ziel aber sei, die Natur und die Menschen völlig zu beherrschen. In diesem rücksichtslosen Machtstreben liege bereits der Keim der Vernichtung. Die Macht werde bezahlt durch Entfremdung von dem, worüber diese Macht ausgeübt wird. Das verdinglichte Denken verkomme zum automatisch ablaufenden Prozess, der Maschine nacheifernd, die diesen Prozess schließlich ersetzen könne. Die Gegenstände der Machtausübung werden als Fremdes wahrgenommen und sind damit humaner Anteilnahme entzogen. Dieser Prozess, so die Autoren, frisst sich immer weiter in die Welt hinein und mündet in Regression, Ideologie, Mythologie. Die Diagnose ist von eminent politischer Bedeutung, sehen die Autoren doch hier eine Ursache für »Despotismus« und »völkische Paranoia«:

An der rätselhaften Bereitschaft der technologisch erzogenen Massen, in den Bann eines jeglichen Despotismus zu geraten, an ihrer selbstzerstörerischen Affinität zur völkischen Paranoia, an all dem unbegriffenen Widersinn wird die Schwäche des gegenwärtigen Verständnisses offenbar.[9]

Ein weiterer Repräsentant der Technikkritik, der Philosoph Günther Anders (1902–1992), nahm eher die existentielle und psychologische Seite der Technisierung in den Blick. Er prägte den Begriff der »prometheischen Scham«, einer Scham der Menschen vor der hohen Qualität der von ihnen selbst geschaffenen technischen Produkte. Er beschreibt ein Gefühl der Unterlegenheit gegenüber den Maschinen, das heute angesichts der Digitalisierung 4.0 wieder relevant

---

9 Horkheimer, Adorno (1969/1988), 3.

wird. Seine These: Der Mensch ist antiquiert geworden, der Perfektion seiner eigenen Produkte nicht mehr gewachsen und außerstande, deren Konsequenzen abzuschätzen. Die technische Apokalypse wird nun in Gestalt der Atom- und Wasserstoffbombe denkbar und damit eine Vernichtung der Menschheit. Diese Möglichkeit macht die Grenzen des Menschen, nicht nur seiner Vernunft, sondern aller seiner Vermögen bewusst. Das, was wir können, ist keineswegs identisch mit dem, was wir dürfen.

Anders schreibt über die »Metamorphosen der Seele im Zeitalter der zweiten industriellen Revolution«, die nicht mehr Schritt halten kann mit den Anpassungsleistungen an die Anforderungen, die die technische Entwicklung an sie stellt. Er schreibt über

unsere Unfähigkeit, seelisch ›up to date‹, auf dem Laufenden unserer Produktion zu bleiben, also in dem Verwandlungstempo, das wir unseren Produkten selbst mitteilen, auch selbst mitzulaufen und die in die (›Gegenwart‹ genannte) Zukunft vorgeschossenen oder uns entlaufenen Geräte einzuholen. Durch unsere unbeschränkte prometheische Freiheit, immer Neues zu zeitigen […], haben wir uns als zeitliche Wesen derart in Unordnung gebracht, daß wir nun als Nachzügler dessen, was wir selbst projektiert und produziert haben, mit dem schlechten Gewissen der Antiquiertheit unseren Weg langsam fortsetzen oder gar wie verstörte Saurier zwischen unseren Geräten einfach herumlungern.

Diesen täglich breiter werdenden Abstand nennt Anders ›das »prometheische Gefälle«.[10]

Auch Hans Jonas (1903–1993), der mit seinem »Prinzip Verantwortung« einen nicht zu unterschätzenden Einfluss auf die Ökologiebewegung ausübte, nutzt die Prometheus-Metapher, um sein Unbehagen an der Technik in den Horizont der Traditionslinie zu setzen, die bei dem rebellischen Titan des Fortschritts ansetzt. Jonas allerdings will Lösungswege zeigen und fordert die freiwillige Einbindung in eine Ethik der Verantwortung.

Der endgültig entfesselte Prometheus, dem die Wissenschaft nie gekannte Kräfte und die Wirtschaft den rastlosen Antrieb gibt, ruft nach einer Ethik, die durch freiwilliges Zügeln seine Macht davor zurückhält, dem Menschen zum Unheil zu werden. Daß die Verheißung der modernen Technik in Drohung umgeschlagen ist, oder diese sich mit jener unlösbar verbunden hat, bildet die Ausgangsthese des Buches.[11]

Jonas beschwört wie Horkheimer und Adorno die »Unheilsdrohung des Baconischen Ideals«, das mit einer Überdimensionierung der naturwissenschaftlich-technischen-industriellen Sphäre gerade durch seinen Erfolg die Katastrophengefahr herbeigeführt habe. Aus Bacons Glücksversprechen wird Apokalyptik.

---

10  Anders (1956/2018), 28 f.
11  Jonas (1979/2003), 7.

Die tiefe, von Bacon nicht geahnte Paradoxie der vom Wissen verschafften Macht liegt darin, daß sie zwar zu so etwas wie ›Herrschaft‹ über die Natur (das heißt ihre potenzierte Nutzung), aber mit dieser zugleich zur vollständigsten Unterwerfung unter sich selbst geführt hat. Die Macht ist selbstmächtig geworden, während ihre Verheißung in Drohung umgeschlagen ist, ihre Heilsperspektive in Apokalyptik.[12]

Und dabei gelangt Hans Jonas zur Beschreibung eines ausweglos destruktiven Rückkopplungseffekts, wenn er zeigt, wie die dominant gewordene Technologie als künstliche Umwelt einen Teufelskreis darstellt, in dem zur Erhaltung des Systems immer weitere technologische Innovationen erforderlich sind, die durch ihren Erfolg wiederum die Dominanz der Technologie verstärken.

Ihre kumulative Schöpfung, nämlich die sich ausdehnende künstliche Umwelt, verstärkt in stetiger Rückwirkung die besonderen Kräfte, welche sie hervorgebracht haben: das schon Geschaffene erzwingt deren immer neuen erfinderischen Einsatz in seiner Erhaltung und weiteren Entwicklung und belohnt sie mit vermehrtem Erfolg – der wieder zu dem gebieterischen Anspruch beiträgt.[13]

Er setzt all dem seinen berühmten Imperativ der Nachhaltigkeit entgegen, der sich an den kategorischen Imperativ Kants anlehnt:

›Handle so, dass die Wirkungen deiner Handlungen verträglich sind mit der Permanenz echten menschlichen Lebens auf Erden‹; oder negativ ausgedrückt: ›Handle so, daß die Wirkungen deiner Handlungen nicht zerstörerisch sind für die künftige Möglichkeit solchen Lebens‹; oder einfach: ›Gefährde nicht die Bedingungen für den indefiniten Fortbestand der Menschheit auf Erden‹; oder, wieder positiv gewendet: ›Schließe in deine gegenwärtige Wahl die zukünftige Integrität des Menschen als Mit-Gegenstand deines Wollens ein‹.[14]

Hans Jonas hat sich damit in die spirituelle Genealogie der Ökologiebewegung eingeschrieben, die das »Prinzip Verantwortung« mit den neuen Themen Umweltverschmutzung, Artensterben und Klimawandel in Verbindung brachte. Allerdings hat er der Bewegung auch die Hypothek einer Technikkritik hinterlassen, die mancherorts Klimaschützer und Naturschützer gegeneinander in Stellung bringt.

12  Ebd., 253.
13  Ebd., 31
14  Ebd., 36.

## 3.2 Anthropozän und Verantwortung

Jürgen Habermas, einer der großen Verteidiger der Moderne, hat in seinem jüngsten Werk »Auch eine Geschichte der Philosophie« (2019) die historischen Schritte ins nachmetaphysische Zeitalter mit soziokulturellen Lernprozessen in Verbindung gebracht, in deren Konsequenz tiefgreifende Krisen und kognitive Dissonanzen bewältigt werden konnten. Insofern gibt es gute Gründe dafür, dass alles so geworden ist, wie es ist.

Ähnlich gute Gründe gibt es heute jedoch dafür, die Frage nach den Lernprozessen wieder neu zu stellen, liefert doch die globale Krisensituation, die den Begriff »Anthropozän« provoziert hat, dazu ebenso Anstöße wie die Einsicht, mit den kognitiven Problemlösungsstrategien der Vergangenheit nicht weiterzukommen. Aus einem Rückblick auf die hier betrachteten Bildnarrative des Fortschritts lassen sich analog zu den Diagnosen, die Habermas den Entwicklungsschritten der Moderne angedeihen lässt, ebenfalls Lernstrategien ableiten. Dabei mag offenbleiben, ob damit die Moderne ihre eigentlichen Versprechen erst noch einlöst oder ob ein Paradigmenwechsel ansteht, der den Begrifflichkeiten der Philosophiegeschichte entgleitet. Der Begriff »Anthropozän«, der mit geologischen Maßstäben misst, deutet in diese Richtung. Ein Zwischenresümee ergibt vorläufig und mit aller Vorsicht folgende Perspektiven:

Die Überlegungen zur Darstellung des »Experiments mit dem Vogel in der Luftpumpe« legen uns nahe, die gottähnliche Position aufzugeben, um die belebte Natur als lebendiges Gegenüber zu begreifen und mit Rechten zu versehen, die nach der Erringung von Natur- und Vernunftrechten für Menschen eine weitere Entwicklungsstufe darstellen. Das »Plus ultra« des »Bacon-Projekts« fordert die Respektierung planetarer Grenzen vor dem Hintergrund der Ergebnisse der Erdsystemanalyse, die neun planetare Grenzen definiert, von denen in vier Feldern bereits die sicheren Handlungsräume verlassen wurden, wobei die Situation bei Klimawandel und Zerstörung der Biosphäre am dramatischsten ist.[15] Die Krisenszenarien des »prometheischen Zeitalters« lehren uns den kompletten Verzicht auf fossile Energieträger als Minimalbedingung für einen anthropozenischen Lernprozess. Und die Interpretationen von Klees »Engel der Geschichte« appellieren an die Entwicklung einer universalen ethischen Dimension, die den epochalen Verantwortlichkeiten des Menschen im Anthropozän gerecht wird.

Gerade um Verantwortung ging es dem Atmosphärenchemiker und Nobelpreisträger Paul J. Crutzen, als er mit zwei bahnbrechenden Artikeln 2000 (mit Eugene F. Stoermer) und 2002 den Begriff »Anthropozän« als neue geologische Epochenbezeichnung empfahl. Crutzen leitet sein Konzept ab von globalen anth-

---

15 Potsdam Institut für Klimafolgenforschung (2015) und ebd. (2019).

ropogen verursachten Krisen, in erster Linie dem Klimawandel, er benennt aber auch andere Grenzüberschreitungen, wie die Nutzung der globalen Landoberfläche durch den Menschen, das Weltbevölkerungswachstum, die Ausbeutung der Meere, Landschaftsveränderungen durch Deichbauten und Flussumlenkungen, Verschwinden der tropischen Regenwälder, drohende Süßwasserknappheit und den Sachverhalt, dass in der Landwirtschaft weit mehr Stickstoff zum Einsatz kommt, als die Ökosysteme der Erde binden können.[16]

Eine wesentliche Einsicht aus dem Anthropozän-Diskurs besteht darin, dass die beschädigten Erdsysteme sich nicht »von allein« erholen. »Wir« – Individuen, Gesellschaft, Weltgemeinschaft – müssen etwas tun, um das Gesamtsystem in einen Zustand zu bringen, der nachhaltig mit würdigem menschlichem Leben vereinbar ist: auf fossile Brennstoffe verzichten, wirtschaftliche Prozesse nachhaltig gestalten, unser Konsumverhalten ändern, Flüsse renaturieren, Moore wiedervernässen, Wälder ausweiten, industrielle Landwirtschaft »wenden«, um nur einige Aspekte zu nennen. Damit verbindet sich Verantwortung. Das Deutsche Museum in München hat seine weltweit erste große Sonderausstellung zu diesem Thema 2014–2016 denn auch betitelt: »Willkommen im Anthropozän – Unsere Verantwortung für die Zukunft der Erde«. Die mit dem »Rachel Carson Center«, einem gemeinsamem Zentrum des Museums und der Ludwig-Maximilians-Universität München konzipierte Ausstellung präsentierte das Thema in zahlreichen Sektionen aus Technik und Naturwissenschaft, integrierte aber auch Kunst und Medien. Damit wurde der Brückenschlag zwischen Natur- und Kulturwissenschaften anschaulich.[17]

Mittlerweile haben sich zahlreiche Fachrichtungen, Institutionen und Wissenschaftler*innen mit dem Thema beschäftigt. Der Begriff hat offenbar Anziehungskraft und steht kultur-, geistes- und sozialwissenschaftlichen Kontexten ebenso offen wie naturwissenschaftlichen. Er hat sich zum Codewort für die Benennung all dessen entwickelt, was Menschen im Zuge ihres Kampfes gegen die Natur zerstört haben. Dem Begriff des Anthropozäns ist mitunter eine moralische Tönung mitgegeben, die an Hybris, Hochmut und Fall denken lässt, er umfasst aber auch andere Konzepte, die konstruktiv auf verantwortlich gestaltete Transformationsprozesse setzen. Gabriele Dürbeck, Professorin für Literatur- und Kulturwissenschaften an der Universität Vechta, die das DFG-Projekt »Narrative des Anthropozän in Wissenschaft und Literatur. Strukturen, Themen, Poetik« (2017–2019) leitete, identifiziert fünf Anthropozän-Narrative, die von Katastrophe und Gericht erzählen, aber auch optimistische Szenarien entwerfen.[18]

---

16　Crutzen, Stoermer (2000), 17 ff., und Crutzen (2002).
17　Deutsches Museum (2014), vgl. auch Trischler (Hrsg., 2013).
18　Vgl. Dürbeck (2018).

Helmuth Trischler und Fabienne Will gliedern die multipolare Anthropozän-Debatte in drei Hauptdiskursstränge: das Anthropozän als geologisches Konzept, als kulturelles Konzept sowie die Rezeption in Medien und Öffentlichkeit.[19]

Die Fachdiskussion um den geologischen Terminus lässt sich bis ins späte 18. Jahrhundert zurückverfolgen, als Anzeichen einer wesentlichen Beeinflussung der Erde durch die Menschen von Wissenschaftlern bemerkt wurden. Im 19. und 20. Jahrhundert beschäftigten sich zahlreiche Forscher mit dem Einfluss des Menschen auf die Biosphäre und den daraus folgenden Verlusten an Biodiversität. Zur Klärung des Begründbarkeit eines geologischen Zeitalter-Begriffs hat die »International Commission on Stratigraphy« (ICS) eine Arbeitsgruppe eingerichtet, die »Anthropocene Working Group« (AWG). Die Kommission überwacht die Richtigkeit der geologischen Zeitskala, für die als Kriterien u. a. Gesteinsschichtungen herangezogen werden. Für eine Datierung des Beginns dieser neuen Epoche wurden und werden zahlreiche Möglichkeiten diskutiert.[20] Tendenz der Gruppe ist bis dato eine Bestätigung der Epochendefinition mit einer Datierung ihres Beginns auf die »Große Beschleunigung« nach dem Zweiten Weltkrieg. Als aussichtsreiche Kandidaten für einen stratigrafischen Marker gelten die Verbreitung radioaktiven Fallouts von Atomwaffentests, die 1963/64 ihren Höhepunkt hatte, die Ablagerungen von Plastik oder von schwarzem Kohlenstoff, der bei unvollständiger Verbrennung fossiler Energieträger anfällt. Die »International Union of Geological Sciences« (IUGS) als höchste Instanz in diesem Prozess hat das Thema aber noch nicht endgültig entschieden.[21]

Als kulturelles Konzept hat das Anthropozän vor allem die Grenzziehungen zwischen einzelnen Fachdisziplinen durchlässiger gemacht, auch in der transdisziplinär besetzten Arbeitsgruppe selbst; seine besondere Provokationskraft gewinnt es aber dann, wenn auch die Grenzlinien zwischen Kultur und Natur als separater Kategorien, die sich im Verlauf der Moderne herausgebildet haben, infrage gestellt werden. Diese Gedankenwelt öffnet den Blick für die Einbindung des Menschen in Netzwerke des Lebendigen und Nichtlebendigen, in die auch technische Artefakte einbezogen sein können.[22] Welche Reichweite allerdings im Sinne eines »guten Anthropozäns« technische Lösungen haben können, ist eine höchst kontrovers diskutierte Frage.[23] Crutzen selbst hatte vor allem an die Verantwortung der Wissenschaftler und Ingenieure appelliert:

Wissenschaftler und Ingenieure stehen vor einer gewaltigen Aufgabe: Sie müssen der Gesellschaft den Weg in Richtung eines ökologisch nachhaltigen Managements des Planeten im Zeitalter des Anthropozäns weisen. Dies erfordert angemessenes mensch-

19  Vgl. Trischler, Will (2019), 71 ff., 80 ff.
20  Vgl. ebd., 73.
21  Vgl. Ellis (2020), 73, 104, 105, sowie Arbeitsgruppe Anthropozän/Geologie.
22  Vgl. Trischler, Will (2019), 73 ff.
23  Vgl. ebd., 76 f.

liches Verhalten auf allen Ebenen und möglicherweise auch groß angelegte Geoengineering-Projekte, zum Beispiel ›Optimierung‹ des Klimas.[24]

Abgesehen von dem durchaus diskussionsbedürftigen Thema Geoengineering ist auch die Leitbildfunktion der Wissenschaftler und Ingenieure im neuen Zeitalter überhaupt nicht mehr unbestritten. Das zeigen nicht nur die zuvor betrachteten Narrative der Technikkritik, sondern mittlerweile sind weltweit Phänomene zu beobachten, die unter dem Oberbegriff »Science denial« (Wissenschaftsleugnung) zusammengefasst werden können. Mit der Diffusion der Öffentlichkeiten in je eigene »Blasen« und »Echokammern« oder auch Interessengemeinschaften, die vor allem über die sozialen Medien verstärkt werden, hat es die auf universale Gültigkeit angelegte Wissenschaft zunehmend schwer. Die Prinzipien des wissenschaftlichen Zeitalters haben in der Moderne Diskursräume geschaffen, in denen Kommunikation nach bestimmten Regeln abläuft: Es geht um nach wissenschaftlicher Methodik erarbeitete Sachverhalte, vernünftige Argumente und persönliche Wahrhaftigkeit – eine Situation, die Jürgen Habermas mit seiner Theorie des kommunikativen Handelns definiert hat. Mit dem Strukturwandel der Öffentlichkeiten, der noch nicht abgeschlossen ist, wird es zunehmend schwieriger, gesellschaftliche Großthemen in einen ebenfalls gesellschaftlichen Großdiskurs einzuspeisen, geschweige denn, hier demokratisch legitimierbare Meinungsbildungsprozesse anzustoßen. Die schwimmenden Grenzen von Kultur und Natur, die das Anthropozän mit sich bringt, bedeuten nicht nur eine Einladung an die Kulturwissenschaftler*innen, sondern auch eine Herausforderung, die jeweiligen Wahrheitsbegriffe und Konzepte von wissenschaftlicher Evidenz zu klären und der Öffentlichkeit zu kommunizieren.[25]

Die Provokationskraft des kulturellen Anthropozän-Konzepts liegt eben auch darin, dass es buchstäblich um »das Ganze« geht:

Wie wollen wir künftig wirtschaften, arbeiten und leben? Welche Rolle soll Technik dabei spielen, und welche Technik wollen wir einsetzen, welche nicht? Und welche Narrative brauchen wir dafür, auch und gerade in der Technikgeschichte?[26]

Die starke normative Komponente dieser Überlegungen schlägt sich ebenfalls in der Diskussion des Anthropozäns nieder, die bis in bildende Kunst, Literatur und Philosophie hineinreicht. Dabei ist nicht von der Hand zu weisen, dass wir unsere Vorstellungen von dem, was möglich und was unmöglich ist, unsere Erwartungen, was Technologie leisten kann, und unsere Einstellungen zur Wissenschaft einer grundsätzlichen Überprüfung unterziehen müssen. Von den

---

24 Crutzen (2019), 173.
25 Vgl. Zachmann, Ehlers (2019).
26 Trischler, Will (2019) 77.

Antworten wird auch abhängen, welche soziokulturellen Lernprozesse im Sinne eines qualitativen Fortschrittsbegriffs zur Bewältigung der Erdsystem- und Klimakrise führen können.

## 3.3 Ein neuer Prometheus:
## Das Zeitalter des Menschen gebiert Ungeheuer

Die Frage nach der Verantwortung bei zahlreichen Ungewissheiten in der Folgenabschätzung wird auch in der Klimakrise umso dringlicher, je mehr komplexe technologische Lösungen in den Vordergrund rücken. Dies wird der Fall sein, wenn die Compliance der Bevölkerungen und die Transformationen der soziokulturellen Systeme nicht ausreichen. Paul Crutzen selbst hatte sich mit der Frage beschäftigt, ob Sulfatinjektionen in die Stratosphäre das Erdklima abkühlen könnten. Schwefelgase würden dann in sehr großer Höhe etwa von Flugzeugen, Ballonen oder Geschützen in die Stratosphäre eingebracht, wo sie sich in winzige Schwefelpartikel verwandeln, wie sie auch bei Vulkanausbrüchen beobachtet wurden. Crutzen nennt als einen Beleg den Ausbruch des Mount Pintabo im Jahr 1991, der global zu einem Abkühlungseffekt um etwa 0,5 Grad Celsius geführt habe.[27]

Dass Crutzen ausgerechnet dieses Beispiel wählt, provoziert einen Blick in die Kulturgeschichte. Ein anderer Vulkanausbruch, nämlich der des indonesischen Vulkans Tambora im Jahr 1815, gehört zu den besterforschten Ereignissen der Klimageschichte, hat aber auch Literaturgeschichte geschrieben. Der Vulkanausbruch löste 1816 das »Jahr ohne Sommer« aus, denn die in die Stratosphäre entwichenen Schwefelgase verbanden sich zu Schwefelaerosolen, die wiederum die Sonne verdunkelten. Die Temperaturen sanken etwa um ein bis zwei Grad Celsius, mancherorts um bis zu drei Grad, was in vielen Teilen der Welt verheerende Folgen hatte: Unwetter und ständiger Regen, Überschwemmungen, Missernten und Hungerkrisen.[28]

In diesem Sommer ohne Sonne saß wegen schlechten Wetters die Schriftstellerin Mary Wollstonecraft Shelley am Genfer See fest. Man traf sich unter Freunden, zu denen neben Lord Byron und Marys künftigem Ehemann Percy die führenden Köpfe der Schwarzen Romantik gehörten, und las deutsche Schauergeschichten: German Horror. In dieser Atmosphäre entstand Mary Shelleys berühmt gewordener Roman »Frankenstein«, im Original betitelt: »Frankenstein or The modern Prometheus« (1818).

Erst dieser erweiterte Titel erklärt einen Aspekt des Werks, der später in der populären Verbreitung des Frankenstein-Mythos an den Rand gedrängt wird:

---

27  Vgl. Crutzen (2019), 205 ff. Vgl. dazu auch Trischler, Will (2019), 76.
28  Vgl. Gerste (2015), 190 ff.

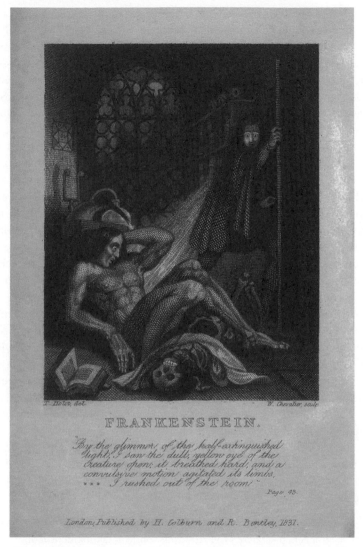

*Abb. 7:* Illustration zu Mary W. Shelleys Roman »Frankenstein or The Modern Prometheus« in der Ausgabe von 1831. Sie zeigt, unterstützt durch ein Zitat aus dem Roman, das Erwachen der »creature«, deren Anblick ihren Schöpfer vor Entsetzen aus dem Zimmer treibt. Shelleys moderner Prometheus steht für das Dilemma des Technozäns, in dem die Geschöpfe den Schöpfern über den Kopf wachsen.

Shelleys faustischer Wissenschaftler Dr. Frankenstein steht in der Tradition des menschenschaffenden Prometheus, aber er ist ein gescheiterter, ein moderner Prometheus, dem das Geschöpf oder die Kreatur sofort über den Kopf wächst. Mary Shelley widmet einige Seiten dem wissenschaftlichen Werdegang des Dr. Frankenstein, den sie so als Repräsentanten des zeitgenössischen Forschungsstandes ausweist. Aber Frankenstein will den entscheidenden Schritt weitergehen und das Geheimnis des Lebens selbst lüften, also in die Domäne des bis dato göttlichen Schöpfers eindringen. Dass Shelley der Leserschaft dieses Geheimnis nicht mitteilt, enthebt sie mancher Verlegenheit, allerdings deutet sie einen Zusammenhang mit der mysteriösen Kraft der Elektrizität an, die womöglich den Lebensfunken birgt. Frankenstein scheitert an seiner Selbstüberhebung, aber er scheitert nicht am Schöpfungsakt selbst. Im Gegenteil, das Geschöpf, das als tragische Figur konzipiert ist, entwickelt ungeahnten Eigensinn und beginnt einen katstrophengesättigten Lebenslauf. Mary Shelley hat damit im Grunde den Ursprungsmythos des Technozäns geschaffen. Wenn die Schöpfungen eine Eigendynamik entfalten, die sich der Kontrolle der Schöpfer entzieht, entsteht genau dieses moderne Prometheus-Dilemma, das dann nicht mehr zu verantworten ist.

Die Analogien zum »Jahr ohne Sommer« lassen es fast schon vermuten: Auch auf Paul Crutzens Schwefelsäure-Experiment scheint das zuzutreffen. Neuere Forschungsergebnisse lenken den Blick auf die unerwünschten Nebenwirkungen. Offenbar wiegen die negativen Effekte einer Sonnverfinsterung, etwa auf das Wachstum von Nahrungspflanzen, den positiven Effekt der Temperaturabkühlung auf.[29] Ellis bezeichnet Crutzens Vorschlag in seinem Prometheus-Kapitel als »ein hervorragendes Beispiel dafür, wie man ein Problem löst, indem man ein noch viel größeres schafft.«[30]

Das Thema bleibt allerdings relevant. Ohne dass eine große Diskussion in der Öffentlichkeit angestoßen worden wäre, geht der sogenannte 1,5-Grad-Bericht des IPCC aus dem Jahr 2018 davon aus, dass besagtes Ziel nicht mehr erreichbar ist ohne die Technologie des »Carbon Dioxide Removal« (CDR):

Alle Pfade, welche die globale Erwärmung ohne oder mit geringer Überschreitung auf 1,5 °C begrenzen, projizieren die Nutzung von Kohlendioxidentnahme (Carbon Dioxide Removal, CDR) in einer Größenordnung von 100–1000 GtCO2 im Verlauf des 21. Jahrhunderts. CDR würde genutzt werden, um verbleibende Emissionen auszugleichen, und um – in den meisten Fällen – netto negative Emissionen zu erzielen, um die globale Erwärmung nach einem Höchststand wieder auf 1,5 °C zurückzubringen (hohes Vertrauen).[31]

---

29  Vgl. Proctor, Hsiang, Burney et al. (2018).
30  Ellis (2020), 214.
31  IPCC (2018), C.3.

Es handelt sich bei CDR um Technologien, die bereits in der Atmosphäre freigesetztes $CO_2$ wieder entfernen und entsorgen. Es gibt zwei große Trends im »Climate Engineering«: Der eine beschäftigt sich, wie Paul Crutzen angeregt hat, mit der Verringerung der Strahlung in der Atmosphäre, Solar Radiation Management (SRM) genannt, der andere mit den Möglichkeiten, $CO_2$ wieder aus der Atmosphäre zurückzuholen (CDR).[32]

Die Deutsche Forschungsgemeinschaft hat zum Climate Engineering ein Projekt aufgesetzt und bemüht sich, eine längst überfällige Debatte anzustoßen. Eine für die Öffentlichkeit herausgegebene Broschüre gibt einen reflektierten Überblick über die Konzepte, die angedacht sind, räumt aber ein, dass keine der Technologien einsatzreif ist. Aber wären sie es auch: Die Nebenwirkungen sind kaum einschätzbar, Feldversuche kaum umzusetzen, ethische Bedenken schwer auszuräumen. Dennoch entschließt sich das Autorenteam, eher auf CDR-Maßnahmen zu setzen als auf Solar Radiation Management. Am weitesten ist wohl die Carbon Capture and Storage (CCS) genannte Technologie gediehen, bei der Kohlendioxid der Luft entzogen und irgendwo gespeichert wird, etwa im Untergrund in bestimmten Gesteinsformationen oder in ausgedienten Erdgas- bzw. Erdölfeldern. Das erinnert an die Endlagerprobleme der Atomindustrie; auch für CCS sind die Folgeprobleme der Einlagerung und jeweils spezielle Risiken der ausgewählten Stätten unklar. Das Ganze hat jedenfalls eine so lange Vorlaufzeit, dass spontane Effekte nicht zu erwarten sind. Andere Methoden, wie die Einbringung von Gesteinsmehl in die Ozeane oder deren Düngung mit Eisen, stellen ebenso wie das Strahlungsmanagement derart tiefe Eingriffe in die Erdsysteme dar, dass der kulturhistorische Blick nicht viel mehr als weitere Geschöpfe aus Frankensteins Werkstatt zu erkennen vermag.[33] Allerdings entstehen im Kontext dieses Forschungsprogramm auch innovative Ansätze, die kaum noch als Climate Engineering zu betrachten sind. So entwickelt das »Karlsruher Institut für Technologie« (KIT) im Verbund mit Partnern ein Verfahren, bei dem das der Luft entnommene $CO_2$ nicht gespeichert, sondern in »Carbon Black«, also Kohlenstoffpulver umgewandelt wird, das dann weiterverarbeitet werden kann. Die beteiligten Wissenschaftler*innen sehen das Projekt NECOC durchaus im Rennen um Technologien, die das Erreichen der Pariser Klimaziele doch noch ermöglichen.[34]

Als eine notwendige Rahmenbedingung für die Umsetzung von Projekten des Climate Engineering dürfen wir sicherlich das Vorhandensein einer informierten Öffentlichkeit ansetzen, die strukturell in der Lage ist, das Thema angemessen zu reflektieren. Das »Institut für transformative Nachhaltigkeitsforschung«

---

32 Climate Service Center/Hamburger Bildungsserver, Wiki Klimawandel, Climate Engineering.
33 Vgl. DFG (2019).
34 Karlsruher Institut für Technologie KIT (2020 a), Presseinformation 019/2020.

(IASS) in Potsdam beschäftigt sich denn auch in der Arbeitsgruppe »Climate Engineering in Wissenschaft, Gesellschaft und Politik« vornehmlich mit den Aspekten der Governance sowie der Erzeugung und Nutzung von Wissen über das Thema, um demokratische Diskussions- und Entscheidungsprozesse einzuleiten. Das Institut hat zu diesem Zweck die Climate-Engineering-Konferenzreihe ins Leben gerufen.[35]

Bezüglich der Eignung von Climate Engineering zur Erreichung der Pariser Klimaziele hat ein Autorenteam des IASS im Jahr 2018 allerdings eindeutig Stellung genommen: Wenn Klima-Geoengineering-Technologien jemals Anwendungsreife erreichen sollten, dann höchst wahrscheinlich erst in der zweiten Hälfte des 21. Jahrhunderts. Eine deutliche Senkung der Emissionen von $CO_2$ sei daher derzeit der einzige zuverlässige Weg, die Ziele des Pariser Abkommens zu erreichen.«[36]

Die »Bundesanstalt für Geowissenschaften und Rohstoffe« jedenfalls beschäftigt sich mit dem Thema $CO_2$-Speicherung bzw. CCS im Auftrag der Bundesregierung vor allem als Option für »energieintensive Industriezweige mit prozessbedingt unvermeidbaren $CO_2$-Emissionen (z. B. Stahl, Kalk, Zement, Chemische Industrie, Raffinerien) sowie für fossil befeuerte Kraftwerke (Braun- und Steinkohle)«. Die Bundesanstalt teilt unter Berufung auf das Energiekonzept der Bundesregierung mit: »Für das Ziel einer Minderung der Treibhausgasemissionen um mindestens 80 % bis zum Jahr 2050 will die Bundesregierung neben der Steigerung der Energieeffizienz und dem Ausbau erneuerbarer Energien auch die Abscheidung und Speicherung von $CO_2$ in tiefen geologischen Formationen als Option erproben.« Dabei werden ehemalige Erdgas- und Erdöllagerstätten sowie für Deutschland tiefe salinare Aquifere, das sind tiefliegende, salzwasserführenden Gesteinsschichten, als günstige Speicherorte ins Auge gefasst.[37]

Damit ist das Thema langfristig weiter relevant, was weitere Forschungsanstrengungen betrifft, aber auch hinsichtlich einer öffentlichen Diskussion der Fragen, wie weit Eingriffe in die Natur zu rechtfertigen sind, um die Natur zu retten. Ein vereinfachtes Verständnis des Anthropozän-Konzepts könnte den Gedanken nahelegen, dass die Menschheit die durch ihr Handeln verursachten Probleme nun wiederum auch durch ihr Handeln lösen müsse. »Natur« wäre dann als Megaprojekt komplett in den Gestaltungsbereich des Menschen übergegangen. Das »Technozän« erscheint am Horizont, ein Begriff, für den sich unter anderen Hannes Fernow (2014), Alf Hornborg (2015) sowie Peter Sloterdijk (2016) stark gemacht hatten.[38] Es hält Entwicklungen bereit, die zum Teil als

---

35  Vgl. IASS Potsdam Institut für transformative Nachhaltigkeitsforschung (2020), Forschungsgruppe Climate Engineering in Wissenschaft, Gesellschaft und Politik.

36  Vgl. Lawrence, Schäfer, Muri et al. (2018).

37  Bundesanstalt für Geowissenschaften und Rohstoffe (o. J.).

38  Vgl. Fernow (2014), Hornborg (2015), Sloterdijk (2016).

Lösungsvorschläge gelten können, aber auch wie die unbeabsichtigten Nebenwirkungen einer autopoetisch sich potenzierenden Technikherrschaft wirken.

Mit Hilfe intelligenter Technologien scheint es möglich zu sein, viele Probleme des Klimawandels zu lösen. Für eine postfossile Welt stehen smarte Lösungen bereit; vom selbststeuernden E-Auto über das automatische Null-Energie-Haus, die smarte City bis zu den Großkonzepten des Geoengineering scheinen alle Lebensbereiche regelbar. Die Entwicklungen künstlicher Intelligenz und die damit verbundene Transformation zur Industrie 4.0, die Schöpfungen der Biotechnologie und die technologisch möglichen Antworten auf die Überlastung der Erdsysteme machen Angebote, die verlocken, deren Konsequenzen aber kaum überschaubar sind. Die Topoi aus der Phase der Technikkritik im 20. Jahrhundert, als Günter Anders und Hans Jonas vor einer hybriden Überlegenheit der Technik gegenüber den Unzulänglichkeiten menschlicher Kreatürlichkeit warnten, scheinen wieder aufzuleben.

## 3.4 Androiden im Technozän

Die Entwicklungen der Informationstechnologie haben mittlerweile zumindest strukturell die Position einer animierenden Superkraft eingenommen. Mit den Techno-Dystopien des 20. Jahrhunderts betreten wir ein Reich, in dem William Gibsons Newromancer und Philipp K. Dicks Bladerunner herrschen, in dem Science, Fiktion und Wirklichkeit auf einem Prüfstand stehen, dessen Spielregeln sich alptraumhaft fortwährend ins Ungewisse verschieben. Eine neue Welt nimmt Konturen an, in der nicht mehr zu unterscheiden ist, ob wir den Maschinen glauben, weil die Androiden menschlicher oder die Menschen roboterhafter werden. Gegenüber der Frage, die Philipp K. Dick 1968 stellte – »Do Androids Dream of Electric Sheep?« – sind wir heute viele Schritte weiter in einer Entwicklung, in der die Technologien sich selbst steuern, während die Menschen immer weitere Lebensbereiche einer Steuerung durch intelligente Maschinen übergeben.

Der Diskurs um die Herrschaft der Maschinen ist weitläufig und vielstimmig. Wer die amüsante Kurzfassung lesen möchte, sei auf Niklas Maaks Roman »Technophoria« verwiesen (2020). Hier sind alle hot topics einer postfossilen, klimaneutralen technoiden Welt künstlicher Intelligenzen versammelt. Selten war Science so wenig fiktional wie in diesem literarischen Science-Fiction-Roman. Fast alles, was hier geschildert wird, ist bereits erfunden, technologisch möglich oder konzipiert. Dabei gibt es ständig Pannen: Die selbstfahrenden Autos sind entweder zu perfekt oder erkennen weniger als ein dreijähriges Kind, die automatisierten Häuser rasten aus und die Smart Cities funktionieren am besten ohne Menschen. Das Geoengineering-Megaprojekt im Roman besteht in der Flutung eines Wüstenareals über einen Kanal aus dem Mittelmeer. Das soll den klimabedingten Anstieg des Meeresspiegels verhindern und die Wüste zur prosperierenden smarten Wirtschaftszone machen. Die energieoptimierten Häuser sind eigentlich große Roboter, technische Organismen, die lernen, die Bedürfnisse der Menschen immer besser zu verstehen. Die Menschen lassen sich von ihrer Apple Watch durch den Tag bugsieren und kommunizieren ausgiebig mit Alexa, während sie »Natur« nur noch in Reservaten oder als Störfaktor erleben. Mieten können mit Daten bezahlt werden und Daten speisen auch den Plattform-Kapitalismus, der unermessliche Profitmöglichkeiten mit der Klimaoptimierung zu verbinden sucht. Sicherheit und Überwachung liegen ganz nah beieinander.

Immer wieder rückt die neue Abhängigkeit von Stromerzeugung und Stromverbrauch durch bizarre Unfälle in den Fokus. Die Apotheose der Elektrizität gipfelt in der Begeisterung des Romanhelden Turek für Serverfarmen. In der Ästhetik von Serverfarmen ist für einen Augenblick das Erhabene der posthumanen Welt wahrnehmbar.

Turek stand da mit dem gleichen Schauder, mit dem die Romantiker des frühen 19. Jahrhunderts ihre Berghöhen und Nebelmeere sahen: Die Serverfarm war schöner als der Dschungel mit seinen Geräuschen, dem Blinken der Glühwürmchen und den zur Jagd bereiten Augen, schöner als Manhattan bei Nacht, eine enorme Verdichtung aus Stahl und Beton und Licht und Energie und zigtausend Ideen und Absichten und Ambitionen: Was dort im blauen Dämmerlicht lag, war eine posthumane Welt *und* das Humanste überhaupt, das kollektive Denken der Menschheit. [...]
Die Romantiker, die Land-Art-Leute konnten einpacken gegen diese mit sämtlichen Äußerungen der Gegenwart gespeiste Supernovaskulptur, auch Kants auftürmende Donnerwolken und Vulkane und Ozeane und rauschende Wasserfälle waren nichts gegen das hier, das Erhabene hatte eine neue Form gefunden: Dies war nicht nur Technik, dies war die neue Natur, in der Algorithmen nicht nur gespeichert wurden, sondern miteinander kommunizierten und neues Wissen produzierten, von dem die einspeisenden Menschen nicht die geringste Ahnung hatten: das ausgelagerte, zu einem eigenen Wesen mutierte Gehirn der Menschheit.[39]

Der Roman liefert den Kommentar zur Serverfarm als Apotheose des Erhabenen im Bericht über das Ende Tureks, der nach einem Sturz in einer noch nicht angeschlossenen Serverfarm, ohne Netzempfang, nach tagelangem Siechtum zugrunde geht. In seinen Halluzinationen sieht er sich vom großen Organismus des Hyper-Computers verschlungen und verdaut als Fremdkörper, aus dem keine Daten mehr herauszupressen sind.

Auch die Androiden haben ihren Auftritt im Roman, sind allerdings längst nicht so dominant wie die technischen Hyperorganismen, die in den Smart Cities Gestalt annehmen. Diese sind die eigentlichen Androiden aus maschineller und kollektiver Intelligenz. Ihre menschenähnlichen Subsysteme, die natürlich

---

39  Maak (2020), 49, 50.

entwickelt wurden, um klüger zu sein als die Menschen selbst, verfügen über alle Möglichkeiten, die das Internet zur Verfügung stellt. Ein Besuch bei ihrem Schöpfer, einem japanischen Ingenieur mit bildhauerischen Talenten, würdigt auch die Genealogie der Androiden. Die fressende und verdauende Ente von Vaucanson ist als Nachbau präsent. Die aktuellen Androiden sind auf dem Weg zur neuen Spezies:

> Bald werden sie in der Lage sein, auch ihre Programme zu hinterfragen und Fehler der Programmierer zu korrigieren, ohne dass man sie dazu aufforderte. Und dann haben wir es mit einer neuen Natur zu tun. Wir werden uns daran gewöhnen, dass es da eine neue Spezies geben wird neben den Menschen und Tieren, mit denen wir sehr viel Zeit verbringen werden. Wir werden mit all diesen Robotern zusammenleben, ob wir wollen oder nicht.[40]

Zur lebensechten Wirkung der Androiden wird uns die kluge Einsicht übermittelt, sie seien Spiegel unserer selbst, indem sie zielgenau die emotionalen Reaktionen auslösten, die ihre Lebendigkeit beglaubigen. Sie werden lebendig durch die Aktivierung von Gehirnreaktionen bei ihrem Gegenüber, die das Belohnungssystem Glückshormone ausschütten lässt. Damit bestätigen sie Bedürfnisse nach Anerkennung und Resonanz besser als jedes »echte« Lebewesen.

Das war auch schon über E. T. A. Hoffmanns Puppe Olimpia zu erfahren gewesen. Der Roman führt die Anspielung weiter aus, denn auch beim japanischen Puppenspieler macht der Held die verstörende Erfahrung des Anblicks gähnender schwarzer Löcher anstelle der Augen, als eine technische Panne die Augenkameras der ansonsten höchst anziehenden Androidin Minou zurückfährt. Mit dem Ruf »Augen her, Augen her!« zitiert der Roman E. T. A. Hoffmanns Erzählung »Der Sandmann«, in der Coppelius als dämonischer alchemistischer Experimentator auftritt, der den Kindern die Augen ausreißt. Das Augenmotiv durchzieht die Erzählung als Metapher der Perspektivität der Wahrnehmung, die aus Automaten Menschen zu machen scheint. Der Horror der leeren Augenhöhlen desillusioniert jeden Anflug technophorischer Begeisterung gründlich.[41]

Die Szene, die Niklas Maak in seinem Roman schildert, hat ein reales Pendant. Maak, der auch als Wissenschaftsjournalist arbeitet, schildert seinen Besuch beim japanischen Schöpfer humanoider Roboter, Hiroshi Ishiguro, und bei anderen Technophoriker*innen im Rahmen einer Bildreportage, die die Androiden auch optisch eindrucksvoll vor Augen führt. Das Stichwort lautet: »Symbiotic Human-Robot Interaction«. In Japan, so ist hier zu erfahren, sind die Entwicklungen hinsichtlich des Einsatzes humanoider Roboter schon wesentlich weiter als bei uns. In einer alternden Gesellschaft sollen sie Aufgaben in der Pflege übernehmen oder Landarbeiten in den verödeten Dörfern verrichten. Roboter

---

40  Maak (2020), 216.
41  Vgl. Maak (2020), 217, und Hoffmann (1816/1967), 12.

können digitale Assistenten vertrauter wirken lassen und in der automatisierten Industrie besser als menschliche Arbeitskraft die Potenziale digitalisierter Abläufe nutzen. Sie können in Katastrophengebieten eingesetzt werden, wie in Fukushima, und vor allem bei den durch Klimawandel verursachten Naturkatastrophen Rettungsaktionen durchführen. Vielleicht werden sie in eine Art von Evolution einschwenken, wenn sie lernen, ihre Programme zu hinterfragen und durch Deep Learning ein Bewusstsein erlangen.[42]

Hat eine Welt, in der wir gelernt haben, symbiotisch mit bewusstseinsbegabten Robotern zu interagieren, überhaupt etwas Wünschenswertes?

Das Narrativ, in das Maaks Texte sich einfügen, transportiert einen Fortschrittbegriff, der sich durchaus an den Standards des prometheischen Zeitalters orientiert. Ist es denkbar, das Klima zu retten, einfach durch Austausch eines Energieträgers durch einen anderen, klimaneutralen? Wie kommt es, dass in diesem Kontext die saubere Energie ihre reichhaltige Aura vollständig einbüßt? Es stellt sich die Frage, ob »Fortschritt« nicht mehr ergeben muss als Roboter, die nach Menschenrechten verlangen. Maak selbst zitiert in seiner Reportage die einschlägigen Referenzen, von Pygmalion bis Oscar Wildes Dorian Gray:

Ishiguro ist Forscher und Bildhauer in einem: Er baut Skulpturen, die zum Leben erwachen, wie der Bildhauer Pygmalion im antiken Mythos, der sich eine bald zum Leben erwachende Frau aus Marmor zimmert; einen Apparatemensch wie die ›Olimpia‹ in E. T. A. Hoffmanns ›Sandmann‹. Weibliche Roboter bevölkern die Phantasien der (meist männlichen) Schriftsteller, Künstler und Filmemacher von ›Metropolis‹ über ›Her‹ bis zu ›Ex Machina‹, wo die Androidin dem echten Menschen so erfolgreich vorgaukelt, menschliche Sehnsüchte zu haben und fliehen zu wollen, dass er sie freilässt, was er mit dem Leben bezahlt. Natürlich kann man Ishiguros Erica auch als die neueste Auflage des alten Themas ›älterer Herr baut sich eine ideale junge Frau‹ sehen. Aber Ishiguro baut ja auch Männer nach. Berühmte verstorbene Showmaster, damit die Nachwelt sich ein Bild machen kann. Und sich selbst, zum Beispiel. Irgendwo in den Tiefen des Instituts schlummert ein Bild des Forschers als junger Mann. Man muss an das Bildnis des Dorian Gray denken.

Die gottähnliche Position des Menschen, in der er neue Spezies und eine neue Natur erschafft, basiert immer noch auf einem Fortschrittsbegriff, in dessen Perspektive gemacht wird, was technisch möglich ist, weil es technisch möglich ist. Die lineare Projektion des Vorhandenen bei Austausch des Energieträgers liefert keine Bilder, die zum Aufbruch in eine neue Welt motivieren, jedenfalls nicht, wenn die Werte der Nachhaltigkeit und damit universale ethische Standards eine Rolle spielen sollen. Die Digitalisierung, die durch die Corona-Pandemie zweifellos einen großen Schub erlebt hat, wird nicht aus sich selbst heraus eine klimafreundliche und naturnahe Welt schaffen. Zahlreiche Problemfelder nachhaltiger Entwicklung harren einer Lösung.

---

42  Maak, Jung (2020).

Der Philosoph Richard David Precht hat sich die Mühe gemacht, die zahlreichen Texte und Theorien durchzugehen, in denen die Apologeten des Silicon Valley ihre Zukunftsvorstellungen darlegen. Das neue Maschinenzeitalter könne nur dann davon träumen, mittels künstlicher Intelligenz die menschliche zu überrunden, wenn zuvor Menschlichkeit wie auch die ihr eigene Vernunft per definitionem auf einen engen und simplen Begriff gebracht worden seien. Der »falsch vermessene Mensch« werde nur deshalb für überwindenswert gehalten, weil das Maß durch den Computer vorgegeben sei.[43]

Precht schaltet sich damit in eine Debatte ein, die um die Konzepte von Technosphäre und Technozän kreist. Wie Trischler und Will ausführen, beschreibt der Begriff »Technosphäre« ein im Laufe der Entwicklung der Erde neu entstandenes Megasystem, in dem Menschen Produkt und Bestandteil sind, nicht aber Kontrolleure und Steuerer. Da alles menschliche Handeln technisches Handeln sei, entstehe ein Abhängigkeitsverhältnis des Menschen gegenüber der Technosphäre, das durch eine Kontrollillusion überlagert werde. Andere Ansätze interessieren sich eher für Interdependenzen zwischen gesellschaftlichen und technischen Systemen, bei denen kein einseitiges Abhängigkeitsverhältnis zugrunde gelegt wird. Mit dem Konzept des »Technozäns«, das auch als Alternativbegriff zum »Anthropozän« vorgeschlagen wurde, verbindet sich eher die Fragestellung, in welcher Weise Technik mit der sozial konstruierten Ökonomie interagiert.[44]

Während Precht wohl dem ökonomischen Argument zustimmen könnte – auch er spricht vom »Monetozän« –, betrachtet er den Ort, der der Menschheit in technosphärischen oder posthumanistischen Konzepten zugewiesen wird, als Zumutung an das Humane. Seine Ausführungen zielen darauf ab, dass hier quasi ein technologischer Verblendungszusammenhang herrscht, der voraussetzt, dass das Menschenbild, mit dem man die Systeme dann ausstattet, zuvor auf maschinenkompatible Dimensionen verkürzt worden ist. Der im Titel seiner Publikation apostrophierte »Sinn des Lebens« entspringt Vermögen des Menschen, die alle technischen Möglichkeiten überragen. Ein Abrücken vom Anthropozentrismus ist bei Precht im Zusammenhang mit einer Einbindung in Netzwerke des Lebendigen zu denken, denen der technologische Komplex gegenübersteht. Er führt Weisheit (lat. Sapientia) und Emotionalität menschlicher Vernunft an, Sensitivität der Wahrnehmung als feinen gesamtkörperlichen Sinn für Stimmungen und komplexe Zusammenhänge, das ichbezogene Bewusstsein, in einer Zeitlichkeit zu leben, und vor allem das Vermögen, Werte zu entwickeln, die Menschlichkeit ausmachen. Ausgestattet mit diesen Fähigkeiten können Menschen Glück und ein gelingendes Leben anstreben. Der Technik dagegen wird die Aufgabe zugewiesen, »nützlich zu sein, aber nicht in gleichem Maße glücksmehrend oder

---

43 Precht (2020), 73 ff.
44 Trischler, Will (2019), 83 ff.

gar sinnstiftend«. Sein Vorwurf richtet sich gegen die Etablierung eine Begriffs
von Technik und künstlicher Intelligenz, der gefährlich ist, »weil er die Conditio
humana deformiert ohne sie durch etwas Besseres zu ersetzen, oder weil er die
menschliche Freiheit existenziell bedroht«.[45] Dahinter wird die Befürchtung
erkennbar, dass mit der Etablierung neuer informationstechnologischer Macht-
zentren in deren ökonomischem Interesse ein Menschenbild durchgesetzt wird,
das die Menschen des Vertrauens in ihre besten Möglichkeiten beraubt.

Technik erweist sich damit auch als eine Projektionsfläche für das Bild vom
Menschen, das wir für ein gelingendes Leben und eine lebenswerten Zukunft
als wertvoll ansehen wollen. Diese normative Komponente gilt es als prägend
für die Debatte bewusst zu machen.[46]

Eine weitere Argumentationslinie setzt an bei den Materialströmen: Die digitale Welt neige, so Precht, nicht nur zur Überblendung humaner Standards durch
verkürzte Maßstäbe, die der philosophischen Analyse nicht standhalten, sie trage
darüber hinaus auch wesentlich dazu bei, die Welt inhumaner zu machen. All
die Computer, Laptops, Smartphones, Kameras, die Rechenzentren und Daten-
knoten dieser Welt sind auf Metalle angewiesen, die unter menschenunwürdigen
und naturschädigenden Bedingungen gefördert werden.

Diese Zustände werden in den Medien immer wieder dargestellt und in Studien dokumentiert. So berichtet die »Bundesanstalt für Geowissenschaften und
Rohstoffe« über den Kobaltabbau im Kongo:

Neben seiner wirtschaftlichen Relevanz steht der artisanale Kupfer-Kobalt-Sektor vor
einer Reihe von Herausforderungen im Hinblick auf die Nachhaltigkeit. Dazu gehören
Risiken der Sorgfaltspflicht, insbesondere die Kinderarbeit und die mangelnde Lie-
ferkettentransparenz, die in den globalen Medien bereits breit thematisiert wurden.
Bislang weniger prominent diskutiert, aber ebenfalls relevant sind Aspekte wie die
unfaire Bezahlung von Kleinbergleuten, mangelnde Arbeitssicherheit sowie generelle
Defizite in der Formalisierung des Sektors, in dem häufig im Illegalen oder zumindest
in rechtlichen Grauzonen operiert wird.[47]

Das »Fraunhofer-Institut für System- und Innovationsforschung« bestätigt und
erweitert das Bild in einer Untersuchung des Jahres 2020:

Bei der Gewinnung von Lithium aus Salzseen in Chile, Argentinien und Bolivien stellt
die Wasserverknappung bei schon bestehender Wasserknappheit die größte Sorge dar,
wozu allerdings noch Forschungsbedarf besteht. Eng verknüpft mit dieser Frage sind
Konflikte mit ortsansässigen indigenen Bevölkerungsgruppen. 60 Prozent des weltweit abgebauten Kobalt stammen aus dem Kongo, davon wiederum 15 bis 20 Prozent
aus dem Kleinbergbau. Aus fehlenden Arbeitsschutzmaßnahmen im Kleinbergbau

---

45  Precht (2020), 233 f.
46  Vgl. zu einer historischen Technikanthropologie Heßler (2019), 37, 56.
47  Bundesanstalt für Geowissenschaften und Rohstoffe (2019), 2.

resultieren unter anderem der direkte Kontakt mit Schwermetallen (insbesondere Uran) im Gestein sowie tödliche Unfälle. Kinder werden für leichte Zuarbeiten beim Verkauf, aber auch für schwerste und risikoreiche Arbeiten in Vollzeit eingesetzt.[48]

Precht findet für die Problemlage deutlichere Worte:

Ihr Lithium stammt aus Ländern wie Chile, Bolivien oder Argentinien, mit erheblichen Umweltfolgen für Tiere und Ureinwohner. Giftiger Staub, Versalzung und Wassermangel in Südamerika sind noch fast harmlos im Vergleich zu den Kobaltminen im Kongo. Militärs und Geheimdienste schubsen die Arbeiter und Zwangsarbeiter durch die Minen, Kinder tragen schwere Erzsäcke ans Tageslicht für formschön designtes Digitalgerät. Nicht besser steht es um die Gewinnung von Coltan, Niob und Gold. Schwerste Menschenrechtsverletzungen begleiten ihren Weg aus der Erde. Viele der Erlöse finanzieren den blutigen Bürgerkrieg. In Südafrika verlieren ungezählte Menschen ihr Land, ihr Wasser und damit ihre Lebensgrundlage durch die Gier nach Platin.[49]

Auch die E-Autos, die einen wesentlichen Beitrag zum Klimaschutz leisten sollen, basieren auf absehbare Zeit auf Lithium-Ionen-Akkus. Dass mittlerweile ein Lithium-Abbau in Deutschland möglich wird, im Bergbauverfahren oder im Zusammenhang mit der ebenfalls umstrittenen Geothermie, dürfte die Diskussion der Umweltverträglichkeit nicht einfacher machen. Metalle sind die Grundlage der digitalen Transformation, sie sind die stoffliche Voraussetzung der Virtualisierung. Bei ihrer massenhaften Verwendung werden nicht nur Schadstoffe frei, sondern es kommt auch zu einer Vermischung von Metallen und Legierungen in den Produkten, die ein Recycling enorm erschweren. Die Metalle werden weitgehend verbraucht, also nicht nachhaltig genutzt. Dieser »Dissipation« genannte Vorgang der Zerstreuung oder Verschwendung hat sein Pendant in einer Produktpolitik, die auf immer neuen Nachkauf der Geräte setzt.

Die Digitalisierung, wie wir sie bisher kennen, treibt die mengenmäßige Steigerung der Nutzung von Metallen und deren Vermischung noch weiter an. Diese Art der Digitalisierung treibt wiederum die Dissipation. Ihr ist immanent eine Tendenz zur Maßlosigkeit eigen: Das Internet der Dinge wird propagiert unter dem Motto ›Alles mit allem verbinden‹. Immer mehr Sensoren, Aktoren, Kameras etc. – einfach von allem immer mehr einschließlich exponentiell steigernder Rechenleistungen mit dem dazu gehörigen Energieaufwand und der materiellen Infrastruktur. Pfadabhängig wird mit der bisherigen Art der Digitalisierung die materielle Wachstumstendenz auf die Spitze getrieben, die Dynamik der Nichtnachhaltigkeit.[50]

---

48  Fraunhofer-Institut für System- und Innovationsforschung ISI (Hrsg., 2020), 11.
49  Vgl. ebd., 18 f.
50  Held, Schindler (2019/20), 130 f.

Im Rahmen einer Wasserstoffstrategie, die mit hohen Erwartungen verbunden ist, wird Platin, das bisher vor allem in der Abgaskatalysatortechnologie für Autos zum Einsatz kommt, eine noch größere Rolle spielen, denn die Brennstoffzelle ist auf den Rohstoff Platin angewiesen.[51] Wenn wir Autos mit Katalysatoren nutzen oder zukünftig Brennstoffzellen-Fahrzeuge, sind wir mittelbar mit dem Platin-Abbau in Südafrika verbunden. Denn von dort kommt ein großer Teil des Edelmetalls, das über den Chemiekonzern BASF, der Nachhaltigkeit zu seinen Kernkompetenzen zählt, in Deutschland eingeführt wird. Die BASF wiederum ist der größte Abnehmer des vormaligen britischen Bergbauunternehmens Lonmin (heute Sibanye-Stillwater), in dessen Abbaugebiet im südafrikanischen Ort Marikana 34 streikende Menschen am 16. August 2012 von der Polizei erschossen wurden. Das Beispiel zeigt, wie eng die Forderung nach globalen sozialen Rechten und die Forderung nach einer globalen ökologischen Transformation zusammengehen. Der Streik hatte sich gegen schlimme Arbeits- und Lebensbedingungen in einer Region gewandt, die durch den Platinabbau tief in ihren natürlichen Strukturen geschädigt wurde. Die Auseinandersetzung zwischen den Vertreter*innen der Minenarbeiter*innen in Südafrika und dem Konzern BASF verläuft seitdem kontrovers und entwickelt sich schleppend. Dabei geht es vor allem um die Frage, ob Unternehmen für die Einhaltung von Menschenrechts- und Umweltstandards in ihren Lieferketten verantwortlich sind. Eine Gruppe von Vertreter*innen aus Wissenschaft, Publizistik sowie Menschrechts- und Umweltinitiativen um den Wiener Historiker an der Akademie der bildenden Künste Jakob Krameritsch hat das Thema in all seiner Komplexität im Kontext einer geforderten sozial-ökologischen Transformation aufgearbeitet.[52]

Es ist bezeichnend, dass die soziale Deprivation von Menschen und die zerstörerische Vernutzung der Natur Hand in Hand gehen.

Richard David Precht schlägt vor, anstatt weiterhin den Symbolen des alten Denkens zu folgen, lieber Pflanzen, Tiere und Menschen näher zusammenzurücken, um ein Zeitalter der »Konvivialität« zu begründen, »eine Epoche des biologischen Miteinanders in Rücksicht und Respekt, eine Zeit der Verschonung und Nachhaltigkeit.« Ein solcher »Co-Existenzialismus mit Pflanzen und Tieren« könne zu Bildern eines gelungenen Mensch-Seins führen im Hier und Jetzt unserer Erde und uns dem verlockenden Ziel einer intakten Erde näherbringen.[53] Mit den Multispecies Studies hat sich eine ganze Forschungsrichtung herausgebildet, die eine neue Art von Aufmerksamkeit auf verschiedene Lebensformen richtet und in die Welten von Pilzen, Mikroorganismen oder Pflanzen eintaucht. Artenübergreifende Co-Existenzen in lebenserhaltenden Netzwerken rühren an sensible Formen der Wahrnehmung. Taxonomische Grenzüberschrei-

---

51  Vgl. Lochmann (2019).
52  Vgl. Becker, Grimm, Krameritsch (Hrsg., 2018).
53  Precht (2020), 40, 241.

tungen lösen biologische Systematik auf und bringen Subjekt-Objekt-Grenzen ins Fließen.[54]

Es gibt viele Möglichkeiten, nicht zentristische und hierarchiefreie Beziehungen zum Lebendigen und Unlebendigen zu pflegen. Dabei soll nicht außer Acht bleiben, dass die Metaphorik der Netze und Rhizome, des Symbiontischen und des Eintauchens nicht die einzige Alternative zum anthropozentrischen Herrschaftsanspruch darstellt. Eine Metaphorik der Sprache bietet ebenfalls ein Modell, das einem solchen destruktiven Herrschaftsanspruch entgegensteht. Für die emotionale, ethische und spirituelle Einbindung der Menschen in die Welt ist es wichtig, ein achtsames Verständnis von Natur zu entwickeln, das gegenüber dem Lebendigen und Unlebendigen ein Bewusstsein von dessen Unverfügbarkeit aufrechterhält. Die Natur als lebendiges Gegenüber wahrzunehmen erlaubt ein kommunikatives Verhältnis zum Lebendigen und Nichtlebendigen, in dem Teilhabe, Austausch und Verständigung mitschwingen, das aber auch das Fremde im Natürlichen respektiert. Über Jahrhunderte hinweg galt die Natur als großes Buch, dessen Zeichen man entziffern konnte. Mit der Metapher von der Sprache der Natur verband sich die Vorstellung, mit der Natur in einem gemeinsamen Sinnzusammenhang verbunden zu sein. Das Verstummen der Natur bezieht sich damit nicht nur auf das buchstäbliche Verschwinden der Insekten und Vögel, das etwa Rachel Carson mit ihrer berühmten Formulierung vom »Stummen Frühling« gemeint hatte. Der Abschied von der »Lesbarkeit der Welt« (Hans Blumenberg 1979) reiht sich ein in die Verständnis- und Verständigungsverluste auf dem Weg zur Moderne, die mit den Schritten der Objektivierung und Rationalisierung auch mentale Entfremdungsprozesse auslösten.

Der Vogel in der Luftpumpe aus dem Bild von Joseph Wright of Derby, der nur noch als verfügbares Objekt in einem befremdlichen Apparat eine Rolle spielt, markiert diesen Wendepunkt in der Mentalitätsgeschichte. Damit kommt die zweite große Krise der Gegenwart in den Blick: die Zerstörung der Biodiversität, ja der Biosphäre generell, durch menschliches Handeln. Schon die Begriffskonstellation »Natur« versus »Biosphäre« zeigt, wie schwierig es geworden ist, über »Natur« zu sprechen.

---

54 Vgl. Doreen, Kirksey, Münster (2016). Zu Multispecies-Ansätzen, die auch technische Artefakte umfassen, vgl. Kap. »Schluss und Ausblick: Poetisch sehen« im vorliegenden Buch.

*Abb. 8:* Fritz Franke, Die Freundin der Königin. Lithografie, 1920. Illustration zum Roman »Die Biene Maja und ihre Abenteuer«, Frankfurt a. M. 1922.

# 4. Der Vogel in der Falle:
# Das Verstummen der Natur

## 4.1 Biodiversität: Die Biene als Symboltier

»Der Stock brauste. Es war nicht eine Biene, die nicht von einem heiligen Zorn der Empörung befallen war und von glühendem Verlagen, den alten Todfeinden mit ganzer Kraft zu begegnen.«[1] Was hier mit verdächtiger Kriegsrhetorik vorgetragen wird, sind die Vorbereitungen der Bienen auf den großen Krieg mit den Hornissen in Waldemar Bonsels »Biene Maja«. Dem Angriff der Hornissen sind die Bienen gewachsen; bei den Neonikotinoiden sieht es anders aus. Biene Maja ist heute Gefahren ausgesetzt, die das Instrumentarium menschlicher wie tierischer Abwehrstrategien außer Kraft setzen.

Manche Hobbygärtner*innen kennen noch die Methode, sogenannte Schädlinge mittels einer Nikotinlösung aus Zigaretten umzubringen. Die Neonikotinoide sind eine Weiterentwicklung: hochwirksame Insektenvernichter, die vor allem auf das Nervensystem der Tiere einwirken. Sie breiten sich in der ganzen Pflanze aus und werden häufig dem Saatgut beigegeben. Diese Stoffe, so haben Studien erwiesen, gefährden das Orientierungsvermögen und die Kommunikation der Bienen, sodass sie Schwierigkeiten haben, den Stock wiederzufinden und weniger Pollen sammeln. Zahlreiche Schädigungen des Nervensystems der Tiere wirken wie eine schleichende Vergiftung. Die so geschwächten Stämme sind dann auch anfälliger für Krankheiten und Parasiten, etwa für die Varroamilbe, sodass ganze Bienenvölker einem schleichenden Sterben anheimfallen. Daher wurde für einen Teil der Produkte die Nutzung in der EU stark eingeschränkt, die Spätfolgen werden aber auch nach einem völligen Verbot lange nachwirken.[2]

Die Biene ist zum Symboltier des Artensterbens geworden und hat es geschafft, öffentliche Aufmerksamkeit zu erregen. Mit der Biene ist eine Brücke zwischen Kultur und Naturwissenschaft entstanden, die für viele zugänglich ist. Viele Menschen kennen die Biene Maja, die in die Pop-Kultur eingegangen ist, sie sehen die Tierchen im Garten und können Honigbienen identifizieren. Sie wissen etwas über ihre Lebensweise, essen Obst und Honig. Bienen gibt es auch in Städten. Die Biene begleitet in der Kulturgeschichte ihre menschlichen

---

1  Bonsels (1912/2018), 157.
2  Vgl. Trusch (2019).

Freund*innen seit der Antike. Es ist eine Beziehung entstanden. Dass die Bienen nun neuen und für uns unsichtbaren Gefahren ausgesetzt sind, hat zu mehreren Volksbegehren geführt; ein Blick ins Netz zeigt, dass Medien, Imker*innen und Mystiker*innen weiter am Mythos Biene stricken. Im Sinne einer Betrachtung von Menschen und Natur als Gesamtheit ist eine neue Nature-Writing-Bewegung entstanden, die auch eine Reihe von Bienenromanen hervorgebracht hat, etwa die Dystopie »Die Bienen« (2014) von Laline Paul, Maja Lundes sehr populär gewordene »Geschichte der Bienen« (2017) oder »Winterbienen« (2019) von Norbert Scheuer. Auch in der bildenden Kunst wird die metaphorische Qualität der Biene gewürdigt, etwa wenn der Künstler Olaf Nicolai 2018 für das Umweltbundesamt eine Werkserie von »Maisons des Abeilles« entwickelt, Bienenhäuser, die eine Formensprache moderner Architektur ins Reich der Bienen tragen. Diese große kulturelle Wirkung der Biene könnte auf eine gesellschaftliche Bereitschaft hindeuten, »Natur« nicht nur als Sache der Biologie und des Naturschutzes zu verstehen.

Denn die Biene bildet nur ein Glied in einer Kette, die sich schnell zum globalen Geflecht ausweitet: Ist die Biene ein Zeigertier für das Insektensterben, so verweist dies wiederum auf den Rückgang insektenfressender Vögel. Das mittlerweile berüchtigte Herbizid Glyphosat, das vornehmlich unter dem Aspekt der Schädigung von Menschen diskutiert wird, hat auch die zahlreichen Wildkräuter ausgeräumt, von denen Insekten und Vögel sich ernähren. Im nächsten Schritt gelangt eine industrialisierte Landwirtschaft in den Blick, die mittels weiter Felder mit Monokulturen, Pestizideinsatz und Überdüngung zum Artensterben beiträgt. Diese Zusammenhänge sind mittlerweile recht gut erforscht.[3] Sie sind Teil einer weltweiten Entwicklung, die ebenso alarmierend ist wie die Klimakrise. Im Zentrum der Diagnosen zu den weltweiten Verlusten an Biodiversität stehen die ausgeräumten Agrarlandschaften mit Monokulturen, Pestizideinsatz und Stickstoffeintrag, sowie generell die dramatischen Änderungen der zivilisatorischen Landnutzung, in deren Zuge immer mehr Wälder, Wiesen, Moore, Auen und Wildnisse verschwinden.[4]

Die Biologin Rachel Carson (1907–1964) hatte 1962 mit ihrer bahnbrechenden Publikation die einprägsame und sprechende Formulierung »Silent Spring« gefunden.[5] Sie wandte sich vornehmlich gegen den Einsatz von DDT, was schließlich zum Verbot dieses Mittels führte, bezog sich aber auch auf andere Pestizide. Rachel Carson wurde mit ihren Erkenntnissen über Ökosysteme und ihren eindringlichen Schilderungen der Schädigung der Natur eine der wichtigsten Personen in der Ökologiebewegung. Ihre Verehrung lässt ein wenig an die

---

3 Vgl. Hallmann, Sorg, Jongejans et al. (2017); Seibold, Gossner, Simona et al. (2019), Trusch (2019); aktuelle Metastudie: Sánchez-Bayo, Wyckhuys (2019) sowie BfN Bundesamt für Naturschutz (2020).

4 Dazu IPBES, Factsheet (2019).

5 Dazu Culver, Mauch, Ritson (Hrsg., 2012).

Wirkung von Greta Thunberg auf die Klimabewegung denken. Eine Publikation des »Rachel Carson Center« zum 50. Jahrestag der berühmten Publikation macht aber deutlich, dass es im 21. Jahrhundert – im Anthropozän – längst nicht mehr ausreicht, einzelne Stoffe zu verbieten oder die »Natur« als vom Menschen gesonderte, sozusagen »heile« Zone mit den traditionellen Konzepten zu schützen. Anders gesagt: Naturschutz wird nicht reichen, um die Artenvielfalt zu erhalten. Es geht auch nicht um Zielgruppenkonzepte für grüne Konsumenten und Wähler. Vielmehr ist auch aus dieser Perspektive eine umfassende Transformation unserer Lebensweise, Nahrungsmittelproduktion und Ernährung erforderlich.

Die Vereinten Nationen hatten die Jahre 2011 bis 2020 zur UN-Dekade für biologische Vielfalt erklärt. Der Artenschutzbericht des Weltbiodiversitätsrates IPBES aus dem Jahr 2019 verstärkt aber die Erkenntnis, dass keine der zahlreichen internationalen Abkommen in der Reihe der Vereinbarungen im Rahmen der »Conference of the Parties to the Convention on Biological Diversity« (COP CBD) auch nur annähernd die gesteckten Ziele erreicht hat. Nun soll es mit COP 15 für die Zeit nach 2020 einen methodischen Neuansatz geben. Das Diskussionspapier schlägt eine »theory of change« vor und reiht die Biodiversität damit ein in die Elemente einer globalen Transformation.

The framework is built around a theory of change […] which recognizes that urgent policy action globally, regionally and nationally is required to transform economic, social and financial models so that the trends that have exacerbated biodiversity loss will stabilize in the next 10 years (by 2030) and allow for the recovery of natural ecosystems in the following 20 years, with net improvements by 2050 to achieve the Convention's vision of ›living in harmony with nature by 2050‹.[6]

Damit ist ein Paradigmenwechsel eingeleitet, der nicht mehr in erster Linie darauf setzt, die Natur in abgegrenzten Gebieten zu schützen, also in Natur- und Landschaftsschutzgebieten, Nationalparks, FFH-Gebieten usw. Auch dämmert vor der Folie dieses Neuansatzes die Einsicht auf, dass der Fokus auf gefährdete Arten bisher nicht viel mehr als eine Zählung von Verlusten erbracht hat. Mit COP 15 verbindet sich nun die Chance, einen soziokulturellen Lernprozess einzuleiten, dessen Ziel ein harmonisches Leben mit der Natur ist. So schlagwortartig und fast klischeehaft die Formulierung »harmony with nature« auch wirken mag – der Transformationsprozess, der damit angestoßen werden soll, dürfte ebenso tiefgreifend sein wie die Transformation zur postfossilen Gesellschaft. Natürlich betreffen beide Prozesse, die sicherlich auf gegenseitige Synergien setzen können, auf sehr grundsätzliche Weise unser Leben mit der Natur, mit dem Land, mit den Tieren. Die Fragen, was wir essen, wie wir uns kleiden, wie wir wohnen, uns bewegen und wie wir produzieren, hängen damit zusammen.

---

6 Convention on Biological Diversity (2020), 6.

Zu diesen Themen äußert sich der WWF, der unter dem Titel »Bending the Curve« seit 2017 mit Fachleuten von mehr als 40 Universitäten in einer Initiative zusammenarbeitet. Mit Hilfe von Computermodellen auf Basis der Modelle des IPCC Weltklimarates erarbeitet man Antworten auf die Forschungsfrage, wie sich der Verlust an biologischer Vielfalt stoppen und sogar umkehren lässt und was dafür getan werden muss.

Demnach ist es notwendig, bis 2050 Naturschutz mit nachhaltiger Landnutzung und nachhaltigem Konsum zu kombinieren. Mit diesem integrierten Aktionsprogramm kann der negative Trend ins Positive gewendet werden. Das bedeutet neben der Ausweitung von Schutzgebieten die Umsetzung intensiver Maßnahmen zur Wiederherstellung von Ökosystemen, die nachhaltige Produktion von Gütern aus Land-, Forst- und Fischereiwirtschaft sowie die Etablierung nachhaltiger Konsummuster mit dem Ziel, weniger landwirtschaftliche Produkte zu verschwenden und die Ernährung auf einen geringeren Anteil tierischer Kalorien in Ländern mit hohem Fleischkonsum umzustellen.[7]

Das ist ein weiter Weg. Wenn wir uns im nächsten Kapitel den Fragen des Tierwohls zuwenden, wird deutlich, dass sich hier noch wahre Abgründe auftun.

## 4.2 Tierversuche und Massentierhaltung

Ein Blick in einen Seziersaal des 18. Jahrhunderts, den die Hallerstiftung Bern im Zusammenhang mit den medizinischen Werken des großen Gelehrten bereitstellt (Abb. 9): Ein junger Mann, vorne links am Boden sitzend, beschäftigt sich damit, einen Vogel aufzuschneiden, möglicherweise ein Huhn. Unten am Boden liegt ein toter Frosch. Rechts setzt ein Mann mit zum Schutz umgebundenem Tuch einen Schnitt am Bauch eines Hundes an, dessen Kopf nach hinten über die Tischkante gekippt ist. Im Hintergrund steckt eine Gruppe die Köpfe über einer Katze (?) zusammen, der ein Schnitt über den Brustkorb gesetzt wird. Die Arbeitsumgebung erinnert nicht an heutige Laborbedingungen. Wir befinden uns in der Pionierzeit der Tierversuche. Es ist nicht auszuschließen, dass sie an lebenden Tieren vorgenommen wurden.

Die Anatomie bildete für Haller die Grundlage zur Erforschung der Lebensvorgänge, Physiologie war für ihn belebte Anatomie (anatomia animata). Die alles entscheidende Forschungsmethode aber war das Experiment am lebenden Körper. Mit der systematischen Durchführung zahlreicher – oft grausamer - Tierexperimente zur Bestimmung von Sensibilität und Irritabilität (Reizbarkeit) einzelner Körperteile kann Haller als Begründer der experimentellen Physiologie gelten.[8]

---

7  WWF (2020 b), 21 f.
8  Hallerstiftung (o. J.).

*Abb. 9:* Junge Mediziner bei ihren Tierversuchen in einem Seziersaal, Kupferstich. Die Abbildung stammt aus einem Werk Albrecht von Hallers. Frontispiz
aus: Haller, Albrecht von: Mémoires sur la nature sensible et irritable, des parties
du corps animal, vol. 1. Lausanne 1756. Institut für Medizingeschichte der Universität Bern.

Der Schweizer Universalgelehrte, Mediziner und Dichter Albrecht von Haller
(1708–1777) war einer der führenden Köpfe der europäischen Aufklärung. Seine
Arbeit mit Experimenten an lebenden Tieren, von der die Abbildung 9 einen
Eindruck vermittelt, erscheint auch im Blick zurück als durchaus doppelbödig:
einerseits als überholte Grausamkeit, andererseits als Pionierleistung, ohne die
das Verständnis auch des menschlichen Körpers nicht hätte den heutigen Stand
erreichen können. Der aufklärerische Tierversuch spiegelt das objektivierende
und distanzierte Verhältnis zur belebten Natur, das bereits bei den Überlegungen zum »Experiment mit dem Vogel in der Luftpumpe« in ersten Ansätzen
sichtbar geworden war. Wir dürfen davon ausgehen, dass Mitleid nicht zu den
moralischen Gefühlen gehörte, welche die zeitgenössische Gelehrtenschaft in
diesem Fall für angebracht hielt.

Es wäre aber ungerecht gegenüber dem Dichter Albrecht von Haller, den Naturforscher gegen diesen auszuspielen. Haller vereint beides in einer Person und zum Teil auch in einem Werk. Er ist in die Geschichte der Literatur und der Naturkunde gleichermaßen eingegangen mit seinem großen Lehrgedicht »Die Alpen«, das zuerst 1732 in Zürich und dann in mehreren weiteren Auflagen und Überarbeitungen erschienen ist. Das Werk wurde berühmt und einflussreich. Haller hat hier ein Leben der Menschen in den Schweizer Alpen geschildert, das auf der Basis einer Subsistenzwirtschaft Freiheit und Gleichheit ermöglichte. Anders als in den von Handel und Reichtum korrumpierten Städten bot die Schweizer Bergwelt den Menschen Genügsamkeit auf der Basis eines nachhaltigen, also vorsorglichen und sorgfältigen Umgangs mit den Ressourcen. Das Konzept der Nachhaltigkeit ist ja bekanntlich bereits 1713 mit der »Sylvicultura oeconomica« des Hans Carl von Carlowitz für die Forstwirtschaft ausgeführt worden. Der Literaturwissenschaftler Heinrich Detering verfolgt die Ausformulierung dieser frühökologischen Ökonomie in Hallers »Alpen« über mehrere Auflagen hinweg und zeigt, wie mit der Verschärfung der Gesellschaftskritik die Exaktheit der Pflanzen- und Naturbeschreibung zunimmt.

Es ist eine überraschende, aber unabweisbare Beobachtung, dass die Schärfung und Erweiterung der *Zeitkritik* einhergeht mit der Schärfung und Erweiterung der *naturwissenschaftlichen* Präzision. Begreift man aber Hallers politische Zeitkritik als Funktion und Folge seines ökologisch begründeten Gesellschaftsmodells, dann erweisen sich beide Überarbeitungsprinzipien als zwei Seiten derselben Medaille.[9]

Diese Engführung von poetischer Darstellung, politischer Ökologie und naturwissenschaftlicher Präzision ist eine Leistung Albrecht von Hallers, die wertvoll ist auch für gegenwärtige Überlegungen zu einem neuen Verhältnis zu und mit der Natur.

Haller kennt aber auch die einem Objektivitäts-Ideal verpflichtete Apostrophierung der neuen technisch-experimentellen Naturwissenschaft und zeigt sich bemüht, die Biologie der Methodik der Physik anzugleichen. Detering verweist im Zusammenhang mit Hallers Tierversuchen auf seine Einleitung zur deutschen Übersetzung von Georges-Louis Leclerc de Buffons Werk »Allgemeine Historie der Natur« (1750), wo Haller schreibt:

Ein großer Vorzug der neueren Zeiten war die immer steigende Kunst der Arbeiter, die zur Entblößung der Natur Werkzeuge verfertigten. Bequemere Sternröhren, rundere Glastropfen, richtigere Abtheilungen eines Zolles, Spritzen und Messer thaten mehr zur Vergrößerung des Reiches der Wissenschaften, als der schöpferische Geist des des Cartes [d. i. *Descartes*], als der Vater der Ordnung Aristoteles, und der belesene Gassendi.[10]

---

9  Detering (2020), 67.
10  Zit. n. Detering (2020), 13.

Die Formulierung von der unter Werkzeugeinsatz vorgenommenen Entblößung der Natur führt verbal schon ziemlich nah heran an die Blicke unter die Haut, die durch die Praxis der Leichensektion oder eben auch der Sektion von Tieren, auch lebenden, ermöglicht wurden.

Albrecht von Haller war mit seinen Tierversuchen auf der Höhe der Zeit. Hans Blumenberg nimmt in seiner Untersuchung der Neugierde/Curiosité als Antriebskraft der fortschrittlichen Welterforschung das Beispiel des Aufklärers Pierre Louis Moreau de Maupertuis (1698–1759) als Beleg dafür, dass diese Neugierde kein Kriterium der Begrenzung aus sich selbst gewinnen könne. Auch Menschenversuche sind nicht undenkbar; Maupertuis verlangt diese ebenso wie Tierversuche, um die Naturgeschichte zu einer wirklichen Wissenschaft nach dem Vorbild der Physik zu machen. Die Verheißungen des Fortschritts überwiegen bei weitem das Erschrecken, vor dem zurückzuweichen für den Forscher bedeutet, einem bloßen Anschein von Grausamkeit zu erliegen.[11]

Die im 17. Jahrhundert entwickelte Leitwissenschaft mit ihrer am Experiment orientierten Methodik erobert also auch die Gefilde der belebten Natur und verbreitet eine Art Heldentum der Wissenschaft, die auch vor Grausamkeiten zugunsten höherer Ziele nicht zurückschrecken soll.

Wäre es auch anders gegangen? Wie viele Residuen aus diesem Wissenschaftsverständnis spiegeln sich heute noch in unserem Umgang mit Tieren?

Wir können diese Fragen nicht solide beantworten, dürfen aber neben naturwissenschaftlichen Erkenntnisfortschritten auch solche der Ethik und der praktischen Vernunft erwarten. Tierversuche stellen bis heute die unangenehme Frage, ob Leiden von Tieren geringer zu bewerten sind als Leiden von Menschen. Sie provozieren Überlegungen zu den Rechten der Tiere und deren ethischer Begründung im Verhältnis zu den Rechten der Menschen.

Auch hier macht das neue Corona-Virus nachdenklich. Der Virologe Christian Drosten informiert in seinem Corona-Podcast vom 2.4.2020 anschaulich über den Einsatz von Tierversuchen an Affen, etwa Makaken oder Rhesusäffchen, deren Immunsystem dem des Menschen recht ähnlich ist, bei der Entwicklung eines Corona-Impfstoffes.[12] Selten werden Menschen sehnsüchtiger auf einen Impfstoff gewartet haben als in dieser Situation. Trotz beträchtlichem Druck, auch von politischer Seite, muss die Pharmaindustrie aber Sicherheitskriterien einhalten, zu denen auch Tierversuche gehören. Es fällt dementsprechend schwer, diese strikt abzulehnen.

Tierversuche sind heute in der EU rechtlichen Restriktionen unterworfen und Gegenstand intensiver ethischer Überlegungen. Eine Informationsbroschüre der DFG nennt einen Mittelweg zwischen Biozentrismus und Anthropozentrismus als akzeptable und auch etablierte ethische Position, bei der den Tieren je nach

---

11 Blumenberg (1996), 481 ff.
12 Drosten (2020 a), 2.

Status in der »Scala naturae«, also in der Stufenleiter der Organismen, ein ver-
pflichtender Eigenwert zugesprochen wird, also je nach Nähe zum Menschen.[13]
Das würde Versuche an Ratten priorisieren gegenüber Versuchen an Primaten
oder auch Hunden. Außerdem werden Kriterien vorgestellt, die eine Abwägung des wissenschaftlichen Erkenntnisgewinns als Nutzenkriterium gegenüber
einem durch schonenden Umgang geminderten Leid der Tiere ansetzen.[14] Das
ist jedoch höchst unbefriedigend, denn für eine derartige Hierarchie gibt es heute
keine vernünftige Begründung mehr. Je nach Gesichtspunkt können auch Mikro-
ben von enormer, etwa ökologischer Bedeutung sein. Es entspricht eher einer
Gefühlsintention, Tieren nach Maßgabe ihrer Beziehung zum Menschen eine je
unterschiedliche Wertigkeit zukommen zu lassen. Das Moment der Abwägung
im Sinne des wissenschaftlichen Erkenntnisgewinns wird etwa vom Deutschen
Naturschutzbund bestritten, der vehement jegliche Tierversuche zugunsten
von Alternativmethoden ablehnt.[15] Das deutsche Tierschutzgesetz beruht demgegenüber auf einem »Pathozentrismus«, bei dem die Hierarchie der Tiere sich
an deren Leidensfähigkeit bemisst. Ein Tier ist demnach umso schützenswerter,
je leidensfähiger es nach menschlichem Ermessen ist.[16] Allerdings steht Deutschland bezüglich der Umsetzung der EU-Versuchstierrichtlinie derart in der Kritik,
dass seit 2018 ein Verfahren wegen EU-Vertragsverletzung läuft. Die Kritik auch
zahlreicher Tierschutzverbände bezieht sich auf Genehmigungsverfahren und
Überprüfungsmöglichkeiten. Trotz der Restriktionen wurden EU-weit 2017
immer noch 22 Millionen Tiere in Laboren zu Versuchszwecken getötet.[17] Damit
bleibt das Ziel, Tierversuche möglichst weit durch andere Methoden zu ersetzen,
eine unabweisbare Aufgabe.

Tierversuche sind forschungsrelevant und daher ist in ihre ethische Begründung und rechtliche Regulierung viel Energie eingebracht worden. Die
hier entwickelten ethischen Maßstäbe werden aber nicht durchgängig zur Be-
urteilung von Fragen des Tierwohls angewendet. Bei Fragen der Ernährung,
also der Massentierhaltung, sind die Tierschutzbestimmungen in der Praxis so
ausgelegt, dass im Zuge einer Nutzenargumentation wirtschaftliche Interessen
bei Produzenten und Konsumenten das Tierwohl überwiegen. Der erste Paragraf
des deutschen Tierschutzgesetzes bietet mit der Dehnbarkeit des vernünftigen
Grundes das Einfallstor:

---

13  Zur Scala naturae und der »Großen Kette der Wesen« im 18. Jahrhundert vgl. Lovejoy
(1993).
14  Deutsche Forschungsgemeinschaft (2004), 28.
15  Deutscher Tierschutzbund (o. J.), Tierversuche.
16  Tierversuche verstehen. Eine Informationsinitiative der Wissenschaft (2018).
17  Aerzteblatt.de (2020a) und ebd. (2020b), unter: https://www.aerzteblatt.de/nachrichten/
111562/Verbaende-sehen-neues-Tierschutzgesetz-als-nicht-EU-konform und: https://www.
aerzteblatt.de/nachrichten/109239/Zahl-medizinischer-Tierversuche-in-Europa-bleibt-hoch,
letzter Zugriff: 26.1.2021.

Zweck dieses Gesetzes ist es, aus der Verantwortung des Menschen für das Tier als Mitgeschöpf dessen Leben und Wohlbefinden zu schützen. Niemand darf einem Tier ohne vernünftigen Grund Schmerzen, Leiden oder Schäden zufügen. § 1 TierSchG

Im Lichte einer ethischen Abwägung nach Kriterien des gemäßigten Biozentrismus wie auch des Pathozentrismus im Verbund mit einer Nutzenabwägung ist eine industrielle Massentierhaltung zu kommerziellen Zwecken nicht akzeptabel.

Bei der sogenannten Massen- oder Intensivtierhaltung werden Tiere auf engstem Raum und in reizarmer Umgebung gehalten, in Käfigen, in Ställen ohne Tageslicht, in Anbindehaltung oder in kleinen Buchten oder Kastenständen wie in der Schweinehaltung. Das setzt die Tiere unter Dauerstress und Angst. Um die damit verbundenen, zum Teil autoaggressiven Schädigungen zu mindern, werden die Tiere entsprechend zugerichtet und an ihre Haltungsumgebung angepasst; daher »kürzt man Legehennen und Puten beispielsweise die Schnäbel, Ferkeln die Zähne und Schwänze oder Rindern entfernt man die Hörner«.[18] Das Leiden der Tiere ist also ganz offenkundig, denn sonst bedürfte es nicht dieser Maßnahmen. Und welche Lebewesen stünden dem Menschen näher als seine Nutz- und Haustiere? Was bleibt, sind wirtschaftliche Interessen und kulturell verankerte Ernährungsgewohnheiten, die die Praxis bestimmen.

Das von der Bundesministerin für Ernährung und Landwirtschaft eingesetzte »Kompetenznetzwerk Nutztierhaltung« stellt in seiner Empfehlung vom Februar 2020 eine eindrucksvolle Liste kritischer Zustände zusammen: die Nitratprobleme durch Gülle, der Ressourcenanspruch und der $CO_2$-Ausstoß durch eine vorwiegend tierische Ernährung, schlechte Haltungsbedingungen und sogenannte Qualzüchtungen, die enormen Leistungsanforderungen an die Tiere, die einhergehen mit maximierten Produktionszielen, in deren Konsequenz »unnütze« Tiere, wie männliche Küken in der Legehennenzucht oder männliche Kälber in der Milchrinderzucht anfallen und entsprechend entsorgt werden, ganz zu schweigen von üblen Transport- und Schlachtbedingungen.[19]

Der Deutsche Ethikrat hat sich im Juni 2020 ebenfalls in die Debatte eingeschaltet mit der Forderung, dass höher entwickelten Tieren ein Eigenwert zukommen müsse. Dieser Eigenwert begründe eine besondere Schutzwürdigkeit und eine besondere Verantwortung des Menschen, welche den menschlichen Nutzungsinteressen Grenzen setzten. Der pauschale Hinweis auf Ernährungsgewohnheiten des Menschen würde dann nicht mehr als Grund ausreichen, Tieren Leiden und Schmerz zuzufügen.[20]

Die Überlegungen zu der Möglichkeit, Tiere nicht nur als passive Schutzobjekte zu betrachten, sondern ihnen eigene, angemessene Rechte zuzugestehen,

---

18  Deutscher Tierschutzbund (o. J.), Was ist Massentierhaltung bzw. Intensivtierhaltung?
19  Kompetenznetzwerk Nutztierhaltung (2020).
20  Vgl. Deutscher Ethikrat (2020).

haben in jüngster Zeit zu interessanten Vorschlägen geführt. Bernd Ladwig etwa, der Politische Theorie und Philosophie lehrt, spricht von institutionalisiertem Unrecht, dass den Tieren zugefügt werde, und systemischen Übeln, die nicht mehr auf der Basis persönlicher Moral zu heilen seien, sondern nach politisch-gesellschaftlichen Lösungen verlangen. Wir sollten zu einem Konzept von Gemeinwohl finden, so Ladwig, das auch Tiere umfasst und ihnen ein Recht auf Rechte zugesteht.[21]

Der Schriftsteller Jonathan Safran Foer und der Religionsethiker Aaron S. Gross, die sich beide publizistisch für einen würdigen Umgang mit Tieren einsetzen, schildern in einem Artikel für den »Guardian« eindringlich, in welchem Maße die Massentierhaltung und unser Umgang mit der Tierwelt generell den Grenzverkehr neuartiger pandemischer Viren zwischen Mensch und Tier beschleunigen und intensivieren. Sie appellieren daran, dass gerade die Corona-Pandemie zu einem Umdenken und Umlenken veranlassen sollte:

Das Fleisch, das wir heute essen, kommt überwiegend von genetisch homogenen, immungeschwächten und permanent medikamentös behandelten Tieren, die zu Zehntausenden in Gebäuden oder übereinander gestapelten Käfigen untergebracht sind – ganz gleich, wie das Fleisch am Ende etikettiert ist. Wir wissen das. […] Was können wir tun? Der Zusammenhang zwischen Massentierhaltung und zunehmendem Pandemierisiko ist wissenschaftlich gut belegt, aber der politische Wille, dieses Risiko einzudämmen, fehlte in der Vergangenheit. Jetzt ist es an der Zeit, diesen Willen entstehen zu lassen.[22]

Der Ausbruch von Infektionen mit dem Corona-Virus der Covid-19-Pandemie in mehreren deutschen Schlachthöfen im Frühsommer und Sommer 2020 hat offenbart, dass hier nicht nur für die Tiere, sondern auch für die in diesen Betrieben arbeitenden Menschen unwürdige Bedingungen herrschen. Ein System von Subunternehmern und Werkverträgen für Arbeitskräfte aus Osteuropa schuf ein Billiglohnland für eine Schlachtindustrie, in deren Betriebe Tiere aus ganz Europa kommen.[23] Die gesamte Fleischproduktion weltweit mit allen Lieferketten muss in den Blick genommen werden.

## 4.3 Die Rache der Natur? Lehren aus der Corona-Pandemie

Im Jahre 1477 hatte sich im westlichen Erzgebirge ein »Berggeschrey« erhoben. Auf dem »Schneeberg« war man auf reiche Silberadern gestoßen. Es folgten fieberhafte Aktivitäten, in deren Verlauf Tausende in die Gegend strömten, tiefe

---

21  Vgl. Ladwig (2020).
22  Vgl. Foer, Gross (2020).
23  Vgl. zahlreiche Medienberichte, etwa Berger (2020).

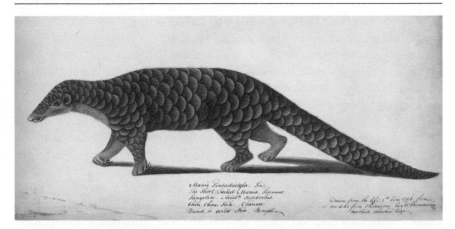

*Abb. 10:* Anonyme Abbildung eines Chinesischen Pangolin (Manis pentadactyla), Wasserfarben, 1798, London, British Library. Das Bild gehört zu den »Wellesley albums«, die der Gouverneur von Indien Richard Colley Wellesley etwa 1798–1804 zusammengestellt hat. Das Tier wurde, wie die Inschrift mitteilt, »from the Life« in Bengalen im Jahr 1898 porträtiert. Über Bengalen verläuft bis in die Gegenwart eine Hauptroute für den illegalen Handel mit dem Pangolin.

Schächte und Stollen gruben, Gewässerläufe umleiteten, Schmelzhütten bauten und Siedlungen gründeten. Der »Fall Schneeberg« wurde Gegenstand einer eindringlichen literarischen Darstellung der Schädigungen der Erde durch den Bergbau. Der Gelehrte und Pädagoge Paul Schneevogel veröffentlichte unter dem Humanistennamen Paulus Niavis 1490 in Leipzig seine Schrift »Iudicium Jovis«, das Gericht des Jupiter. Er wählte die Form einer Gerichtsverhandlung, in der die geschundene Erde als Anklägerin auftritt. Mit zerrissenem Gewand, weinend, voller Wunden und blutbespritzt führt sie ihre Verletzungen vor. Die Verhandlung endet zwar nicht zugunsten der Erde, beinhaltet aber deutliche Mahnungen an die Menschen, die eine Vergeltung ankündigen, wie Ulrich Grober in seiner Analyse ausführt: »Die Leiber der Eindringlinge müssten verschlungen werden, durch böse Dämpfe erstickt, durch Wein trunken gemacht, durch Hunger bezwungen werden.«[24] Die Erde selbst kündigt ihren Zusammenbruch an: »»Wenn deine Gerechtigkeit«, so hatte sie an Jupiter gewandt gemahnt, ›mich nicht vor diesen entsetzlichen Mißhandlungen (der Menschen) beschützt, so breche ich demnächst unweigerlich zusammen (propediem concidam) und kann meine Aufgabe nicht mehr erfüllen.‹«[25]

   Der Umwelthistoriker Joachim Radkau hält das Paradigma der »Rache der Natur« für ein konstitutives Element der Ökologiebewegung. Während die per-

24  Grober (2018), 69.
25  Ebd., 71.

sonifizierte Natur im Mittelalter wiederholt als Klägerin gegen die Missbräuche der Menschen aufgetreten sei, gewinne sie im Laufe der Neuzeit an Macht; sie könne nun selbst Rache nehmen. Das Denkmuster der »Rache der Natur« werde im Laufe des 19. Jahrhunderts angesichts der Abholzungen der Wälder und der neuen industriellen Umweltzerstörungen sogar zum Gemeingut.[26]

Heinrich Detering zeigt in seiner schönen Darstellung der Ökologie in der Literatur, »Menschen im Weltgarten«, am Beispiel des Naturforschers Carl von Linné, wie eine solche frühe ökologische Denkfigur sich entwickelt hat. Detering begleitet Linné, der als Schöpfer einer Nomenklatur für die Bezeichnung der Pflanzen und Tiere berühmt geworden ist, auf einer Reise durch das Industriegebiet des mittelschwedischen Falun. Die Begegnung mit dieser Bergwerksregion wird zu einer verstörenden Zeitreise in die industrielle Revolution.[27] Linné schildert mit dem Vokabular der Hölle die Vergiftung der Umwelt durch Schwefelrauch und die furchtbaren Arbeitsbedingungen unter der Erde. Dieser Gang durch eine Unterwelt, die mit ihren üblen Ausdünstungen eine Bedrohung jeden Lebens in der Oberwelt darstellt, lässt das Bergwerk von Falun wie ein Strafgericht erscheinen.

Dann zeigt Detering in luzider Analyse, wie Linné einen Gedanken entwickelt, der ziemlich weit an ökologische Erkenntnisse der Gegenwart heranführt. Die Schuld, die diese infernalischen Verhältnisse nach sich zieht, ist keine persönliche, sondern sie besteht in einem System von Abhängigkeiten, das Macht und Reichtum des Landes ebenso wie die Zerstörung der Natur hervorbringt. Der Naturforscher konzipiert vor diesem dunklen Hintergrund den Begriff einer göttlichen Vergeltung, einer »Nemesis Divina«, aus der sich eine Art von moralischer Ökologie entwickelt:

Der zentrale Gedanke, der zwischen theologischer und weltimmanenter Spekulation vermittelt, ist die aus der analytischen Distanz erkennbare Konsequenz, mit der ein moralisches Vergehen ohne besonderes Eingreifen einer transzendenten Instanz eine Selbstbeschädigung nach sich zieht.[28]

Mit dieser Wendung wirkt der Gedanke der »Rache der Natur« nicht mehr so naiv und vorwissenschaftlich, wie er auf den ersten Blick erscheinen mag. Er formuliert ein intuitives Verständnis eines Zusammenhangs zwischen Wechselwirkungen, die heute als ökologische Systemzusammenhänge gut untersucht, aber als abstrakte Wissenschaftstheoreme dem Alltagsverständnis auch weit entrückt sind.

Der Auftritt des bis dato nur Spezialist*innen bekannten Schuppentiers im Zuge der Corona-Pandemie hat das Narrativ der Rache der Natur wiederbelebt

---

26 Radkau (2011), 53 f.
27 Vgl. Detering (2020), 96 ff. Die Darstellung orientiert sich im Folgenden an Detering.
28 Detering (2020), 116.

und damit einem breiten Publikum einen viel größeren Zusammenhang näher-
gebracht, der sich auch wissenschaftlich plausibel machen lässt.

Im März 2020 lieferten chinesische Wissenschaftler Anhaltspunkte dafür,
dass der Pangolin, eine Schuppentierart, möglicherweise das neuartige Corona-
Virus als Zwischenwirt von einer Fledermausart auf den Menschen übertragen
haben könnte. Die Covid-19-Erkrankung, die das Virus auslöst, gehört damit zu
den Zoonosen, was auch schon für den SARS-Erreger galt. Das sind Krankheiten,
die von Tieren auf den Menschen übergehen können (und umgekehrt). Schnell
geht die Nachricht durch die Medien. Die »FAZ« titelt am 7.4.2020 »Die Rache
des Schuppentiers«. Es entwickelt sich ein Narrativ, das beispielsweise bei der
»Deutschen Umwelthilfe« so erzählt wird:

> Längst ist bekannt, dass tropische Regenwälder zum Erhalt des Weltklimas und
> damit unserer Lebensgrundlage unersetzlich sind. Weniger bewusst ist den meisten
> jedoch, dass Krankheitserreger wie das Coronavirus vor allem durch die Zerstörung
> tropischer Wälder und den vermehrten menschlichen Kontakt zu Wildtieren ihre
> katastrophale Wirkung entfalten.[29]

Das Narrativ fügt sich ein in die große Erzählung von der Rache der Natur,
die in den sozialen Medien weitergesponnen wird. Dahinter steckt die These
bzw. Vermutung, auch von Wissenschaftler*innen, dass das Eindringen der
Menschen in Wildnisgebiete und das massenhafte Verzehren von Wildtieren
die Ausbreitung von Pandemien fördern. Der Sprung vom Pangolin zur Zerstörung der tropischen Wälder erscheint ziemlich weit, die Zwischenschritte sind
aber nachvollziehbar. Die chinesischen Behörden hatten eine mögliche Quelle
der Pandemie bereits bis zu einem der sogenannten »Wet Markets« in Wuhan
zurückverfolgt. In derartigen Märkten werden lebende Tiere und vor allem auch
Wildtiere angeboten, vor Ort geschlachtet, zerteilt und portionsweise verkauft,
und das oft unter schlimmen hygienischen Bedingungen. Dort werden auch
besagte Schuppentiere angeboten, die in China, so erfährt die erstaunte Welt-
öffentlichkeit, nicht nur gerne gegessen werden, sondern auch volksmedizini-
schen Zwecken dienen. Das Fleisch gilt als Delikatesse, das Leder wird genutzt,
die Schuppen sollen gegen diverse Leiden helfen. Der WWF berichtet, dass die
acht bekannten Schuppentierarten, die unter Schutz stehen, zu den am meisten
geschmuggelten Wildtieren weltweit gehören und mittlerweile alle in ihrem
Bestand bedroht sind.[30]

Obwohl die Übertragungsthese nicht wirklich gesichert werden kann und
bald neuen Spekulationen Platz machen muss, lenkt der Verdacht doch die Aufmerksamkeit auf ein Geschehen, für das der Pangolin geradezu ein Symboltier
wird: den weltweiten illegalen Wildtierhandel, die Vernichtung der Lebens-

---

29 Müller-Jung (2020) sowie Deutsche Umwelthilfe (2020).
30 WWF Blog (2020).

bereiche dieser Tiere und die daraus erwachsenden Risiken für weitere schwere Zoonosen. Das Thema Zoonosen und Biodiversität wird zum Gegenstand verstärkter Forschungsbemühungen und des öffentlichen Interesses.[31]

Der IPBES (Biodiversitätsrat) fasst Ende 2020 die Forschungsergebnisse in einer Stellungnahme zahlreicher internationaler Wissenschaftler*innen zusammen. Ihre Erkenntnisse laufen darauf hinaus, dass die gleichen menschlichen Aktivitäten, die den Klimawandel fördern, mit der Zerstörung der Biodiversität auch die rasante Ausbreitung von Zoonosen ermöglichen.

The same human activities that drive climate change and biodiversity loss also drive pandemic risk through their impacts on our environment. Changes in the way we use land; the expansion and intensification of agriculture; and unsustainable trade, production and consumption disrupt nature and increase contact between wildlife, livestock, pathogens and people. This is the path to pandemics.

Um sich greifende Landnutzung für intensive Landwirtschaft und Urbanisation, die Vernichtung von Urwäldern, die Zerstörung letzter Wildnisse führen Menschen mit Wildtieren zusammen, denen sie sonst nie begegnet wären. Und diese sind ein schier unerschöpfliches Reservoir weiterer potenziell für Menschen gefährlicher Viren. Die Forscher*innen fordern vorbeugende Strategien zum Schutz der noch verbleibenden Naturräume der Welt, die Wiederherstellung von wertvollen Biotopstrukturen, ein komplettes Verbot des Wildtierhandels und verstärkte Anstrengungen zum Erhalt der Biodiversität, die auch vor grundlegenden Änderungen der Verbrauchs- und Ernährungsgewohnheiten nicht haltmachen. Das betrifft insbesondere die Nutzung von Palmöl, exotischen Hölzern, Produkten aus dem Bergbau und den Konsum von Fleisch. Die Forscher*innen rechnen vor, dass diese Art der Vorsorge einen Bruchteil der Kosten verursachen würde, die für die Bewältigung der Covid-19-Pandemie anfallen. Der Schutz der Artenvielfalt erweist sich als Schutz vor Pandemien.[32]

People in all sectors of society are beginning to look for solutions that move beyond business-as-usual. To do this will require transformative change, using the evidence from science to re-assess the relationship between people and nature, and to reduce global environmental changes that are caused by unsustainable consumption, and which drive biodiversity loss, climate change and pandemic emergence. The policy options laid out in this report represent such a change. They lay out a movement towards preventing pandemics that is transformative: our current approach is to try to detect new diseases early, contain them, and then develop vaccines and therapeutics to control them.[33]

---

31  Vgl. Deutscher Bundestag (2020), Anhörung am 13.5.2020 zum Thema Zoonosen, bei der alle befragten Expert*innen die oben ausgeführten Zusammenhänge bestätigten. Der IPBES Biodiversitätsrat hat ein Online-Dossier aufgelegt.

32  IPBES (2020).

33  IPBES (2020), Executive Summary 9.

Im Juni 2020 erhöhte Chinas staatliche Forstverwaltung den Schutzstatus der Schuppentiere. Daraufhin strichen die Behörden Zeitungsberichten zufolge deren Schuppen von der Liste der traditionellen chinesischen Medizin.[34] Ein kleiner Erfolg für das scheue Tier, dessen Botschaft nicht vergessen werden sollte.

Die Schriftstellerin Judith Schalansky, als Herausgeberin der Reihe »Naturkunden« eine herausragende Kommunikatorin des »Nature Writing«, widmet dem Schuppentier einen kleinen Essay und findet über diese literarische Ebene bewegende Worte für die Botschaft, die das Tier uns vermitteln kann:

Es bedarf keiner ausgeprägten Neigung zum schwarzen Humor, um die grausame Ironie wahrzunehmen, die darin liegt, dass ausgerechnet ein scheues, wehrloses Säugetier, das durch menschliche Bejagung kurz vor seiner Auslöschung steht, Überbringer einer Seuche sein soll, die allein bisher Zehntausende von Toten gefordert hat und etwa ein Viertel der Weltbevölkerung in die eigenen vier Wände verbannt. [...] Es erinnert uns daran, dass auch wir verwundbar sind, ein Säugetier, das mit seinen acht Milliarden Exemplaren für ein Virus nichts anderes ist als ein weiterer, idealer Wirt. Bei drohender Gefahr rollt sich das Schuppentier ein. Nichts anderes tun wir gerade. In diesen Wochen wird klar, dass die größere Herausforderung des Lebens darin besteht, die Welt nicht zu erobern, sondern verdammt nochmal zu Hause zu bleiben, vorausgesetzt natürlich man hat eins.[35]

Das Schuppentier hat seinen kurzen Auftritt in der Weltgeschichte gehabt. Schnell versinkt es wieder in den Strudeln immer neuer Vermutungen, Unterstellungen und Verschwörungstheorien zur Herkunft des neuen Corona-Virus. Es hat aber für den Zeitraum seines Erscheinens im Bewusstsein der Menschen ein Fenster geöffnet, das einen Blick auf Vorgänge erlaubte, die nicht vergessen werden dürfen. Auch ohne das Narrativ von der »Rache der Natur« zu bemühen, scheint es nur eine Frage der Zeit, wann aus den geschilderten Gefahrenzonen heraus das nächste Virus seinen Weg unter die Menschheit findet.

34  Vgl. FAZ (2020).
35  Schalansky (2020).

# Teil II
## Die Fee der Elektrizität – leuchtende Frauen

*Abb. 11:* Louis Schmidt (Entwurf), Die Lichtträgerin, Werbeplakat für die »Allgemeine Elektricitäts-Gesellschaft AEG«, Berlin (1888), 84 × 54 cm.

# 5. Aufbruch zum Licht und demokratische Hoffnungen

## 5.1 Die Fee der »Allgemeinen Elektricitäts-Gesellschaft«

Wie Venus am Abendhimmel bringt sie Licht ins Dunkel: Die lorbeerbekränzte Frauenfigur hält in der hoch erhobenen Hand eine Glühlampe, die den Nachthimmel erleuchtet und die Himmelskörper überstrahlt. Mit der anderen hält sie den Siegeskranz zur Krönung bereit. Optisch zwischen Walküre und Königin der Nacht angesiedelt, präsentiert sich hier ein Frauenbild, dessen Analyse eine eigene Abhandlung verdiente. Auf jeden Fall ist festzuhalten, dass die Elektrizität weiblich codiert ist. Das hat sie sicherlich gemeinsam mit vielen allegorischen Figuren der Kunstgeschichte, aus der Opposition zu Prometheus erwächst dieser Weiblichkeit aber eine ganz eigene Bedeutungsebene: Vielleicht ist es eine mit dem Frauenbild der Epoche verbundene matriarchale Macht, die in dieser Heroine zum Ausdruck kommt.

Die Fee der Elektrizität sitzt auf einem geflügelten Eisenbahnrad, aus dem Blitze zucken; das Rad wiederum balanciert auf der Weltkugel, die den Schriftzug der »Allgemeinen Elektricitäts-Gesellschaft Berlin« zeigt. Die Allegorik ist reichhaltig und im wahrsten Sinne des Wortes plakativ: Die Lichtbringerin tritt mit ihrer Botschaft neben die männlichen Lichtbringer Prometheus und Luzifer, aber auch die Allegorie der Wahrheit, auf die wir später noch eingehen, und die Freiheitsstatue werden zitiert. Die weibliche Figur auf dem Rad ist auch in Gestalt der Fortuna als Allegorie des Glücks tradiert, aber hier ist es eben das Rad der Eisenbahn und damit ein Sinnbild des elektrifizierten Fortschritts schlechthin, auf dem die Lichtträgerin in graziösem Damensitz reitet. Das Flügelrad der Eisenbahn war weit verbreitet, es schmückte Gebäude und Uniformen der Reichsbahn. Und schließlich allbeherrschend auf der Weltkugel der Schriftzug der AEG. Die Lichtfee fand Verwendung auf Briefbögen, Prospekten und Werbezetteln; das Motiv wurde für eine Postkarte und eine Briefmarke eingesetzt.[1] Sie diente keineswegs allein der Produktwerbung, sondern verband den welteroberndern Siegeszug einer neuen Energie mit dem Siegesgestus einer Firma, die sich als Agentur des Fortschritts präsentieren wollte.

Der Unternehmer Emil Rathenau (1838–1915) hatte 1881 die Konzession für Thomas Edisons Patent der elektrischen Glühbirne erworben. Zwei Jahre später

---

1  Vgl. Paul (2013), 23 f.

gründete er die »Deutsche Edison-Gesellschaft für angewandte Elektrizität«, aus der 1887 die »Allgemeine Elektricitäts-Gesellschaft« (AEG) in Berlin hervorging. 1888, im Jahr des Plakats, war die AEG in das Geschäft mit dem Bau elektrischer Bahnen eingestiegen.

Der Siegeszug der Elektrizität hatte mit der Entwicklung leistungsfähiger Generatoren in den 1870er-Jahren begonnen. Die Firma Siemens & Halske hatte hier zusammen mit der belgischen Firma Gramme durch die Herstellung kompletter Beleuchtungssysteme eine Marktführerschaft errungen. Die in England entwickelte Gasturbine begann die Dampfmaschine als Antriebskraft der Stromerzeugung abzulösen. Mit einem leistungsfähigen Drehstrommotor begann die Ausbreitung elektrifizierter Straßenbahnnetze in ganz Europa. Der Drehstrommotor als neue Antriebskraft ist ebenfalls engstens mit der Firma AEG verbunden. Deren Chefkonstrukteur Michael von Dolivo-Dobrowolski hatte 1889 die erste wirtschaftlich einsetzbare Version entwickelt. Drehstrommotoren wurden auch zunehmend in den Fabriken eingesetzt. Die Technologie war leiser, sauberer und weniger unfallträchtig. Das Bild der Arbeit in den Fabrikhallen änderte sich. Man hat daher diese Phase auch die zweite industrielle Revolution genannt.[2]

Als interkulturelle Allegorie repräsentiert die Fee der Elektrizität also weit mehr als ein Produkt oder eine Erfindung: Sie wird zum Signet der Transformation zu einer Moderne, die andere Züge trägt als die industrielle Revolution des prometheischen Zeitalters. Dass sich mit der sauberen und leicht verfügbaren Energie demokratische Hoffnungen verbanden, hatten wir bereits in der Einleitung gesehen. Das Phänomen der Elektrizität ist aber quasi aufgeladen mit vielen weiteren Bedeutungsebenen. Sie entfalten sich in den verschiedenen weiblichen Figuren, die in der Vorgeschichte und parallel zur »Fee« auftauchen. Die Macht weiblicher Erotik (Venus), die als Göttin personifizierte Natur (Philipp Otto Runge, »Der Morgen«), die Elektrizität als Lebenskraft und Mittlerin zwischen Geist und Materie, Wahrheit und Weisheit und nicht zuletzt die Freiheit – auf den Barrikaden und im Hafen von New York – gehören in diese Genealogie.

In der Ikonologie der Figur verbinden sich viele Elemente, die sich schließlich in Raoul Dufys Panorama-Gemälde zum Dispositiv verschmelzen. Dufy behält den Titel »La Fée Électricité« bei (siehe oben, Abb. 2), zeigt aber keine einzelne Figur mehr, sondern eine Atmosphäre, eine sinnliche Erfahrung. In seinem Überwältigungscharakter kann sich das Werk mit den Arbeiten des gegenwärtig sehr erfolgreichen Künstlers Olafur Eliasson messen (siehe Schlusskapitel dieser Publikation). Ähnlich engagiert wie Eliasson, der sich aktiv am Klimadiskurs beteiligt, zitiert Raoul Dufy in seinem Gemälde Personen, Mythen und Technologien, die zusammen das Phänomen der modernen Energie ausmachen. Gegenüber dieser Vision setzte der Medienkünstler Nam June Paik 1989

---

2  Vgl. Bremm (2014), 126 ff. und 189 f.

einen politischen Kontrapunkt, indem er unter dem gleichen Titel fünf prominente Repräsentant*innen der französischen Revolution auftreten lässt (siehe Kapitel 8.2 »Feen der Elektronik«).

In dieses Dispositiv sind im Laufe des 19. Jahrhunderts Diskurse, Texte und Bilder eingegangen, die wir im Folgenden auffächern.

## 5.2 Lichtträgerinnen: Wahrheit, Weisheit und Freiheit

Dass wir hier (Abb. 12) eine Darstellung der »Wahrheit« vor uns haben, lässt sich ohne weiteres an dem Schriftzug »Veritas« auf der Steintafel erkennen, welche die lorbeerbekränzte Fackelträgerin hält. In diesem Werk des italienischen Malers Luigi Mussini (1813–1888) aus dem Jahr 1847 ist es noch kein technisches Licht, das die weibliche Figur in der hoch erhobenen Hand trägt, aber die Geste stimmt. Wir dürfen damit in der »Wahrheit« eine Vorläuferin unserer Fee erblicken. Die Personen in der Umgebung der Wahrheit sind durch Attribute wie Bücher, Tafeln oder Globus als Männer der Wissenschaft, Kunst und Philosophie markiert, die den Weg zur Wahrheit beschreiten und zu weisen verstehen. Identifizierbar sind etwa eine Gruppe antiker Geistesgrößen wie Aischylos, Phidias, Herodot, Demosthenes, Aristoteles, Platon und Sokrates, Künstler der Renaissance wie Giotto und Dante sowie große Wissenschaftler wie Galileo Galilei, Claudius Ptolemäus, Nikolaus Kopernikus, Johannes Kepler und Isaac Newton. Der Mann im blauen Mantel, durch einen Heiligenschein hervorgehoben, scheint eine kniende dunkelhäutige Figur – wohl eine Frau – mit Verweis auf die »Wahrheit« zu segnen, offenbar eine Anspielung auf Kolonisation und die Missionstätigkeit der Kirche im Namen einer Wahrheit, die hier aber ausschließlich durch weltliche Wissensbereiche definiert ist. Ein geradezu religiöser Zug der Verehrung wird verstärkt durch die Technik des Malers, die sich am Stil der nazarenischen Malerei orientiert.[3] Die Figuren wirken in Gestik und Kleidung wie Heilige.

Das Bild visualisiert eine Phase, in der die Wissenschaft sich anschickt, die Position der Religion als Wahrheitsagentur zu übernehmen. Künste und Philosophie müssen sich daran messen lassen, inwieweit sie einen Wahrheitsanspruch einlösen können. Dabei bleibt die religiöse Energie einer ursprünglich transzendenten, durch einen Schöpfergott gesicherten Wahrheit noch spürbar. Ein Werk wie dieses kann erklären, warum eine weibliche Figur als Sinnträgerin einer neuen Epoche bei den Zeitgenoss*innen durchaus auf Verständnis stoßen konnte. Es zeigt, wie sich Wissenschaft als Garantin der Wahrheit etabliert und die Glaubenswahrheiten des metaphysischen Zeitalters ablöst. Zugleich zeigt es

---

3  Vgl. zum Bild vgl. Museo Galileo (2009), Lebensdaten Mussinis vgl. Fondazione Memofonte (o. J.).

*Abb. 12:* Luigi Mussini, Triumph der Wahrheit, 1847, 143 × 213 cm, Öl auf Leinwand, Mailand, Pinacoteca di Brera.

aber auch eine Beziehung der Wissenschaften zu den Künsten, die für die Aufklärung mitzudenken ist.

Ein hervorragendes Beispiel für diese Apotheose der Wahrheit aus dem Zentrum der Aufklärung ist das Frontispiz zur Enzyklopädie von Denis Diderot und Jean d'Alembert. In einem Tempel erscheint die mit dünnem Schleier verhüllte Wahrheit – La verité – als Lichtbringerin, die aus sich selbst heraus eine hell leuchtende Aura verbreitet. Zahlreiche Künste und Wissenschaften zu ihren Füßen huldigen ihr.[4]

Die Bildsprache bleibt dabei in einem Feld bekannter Allegorik, die auf neue Phänomene übertragen wird. Die Künstler nutzen die Sinnbilder der Sapientia und der Veritas, die seit etwa der Renaissance und im Barockzeitalter in allegorischen Handbüchern tradiert und immer wieder von Künstlern aufgegriffen wurden. Die »Sapienza« (Weisheit) wird in einem der bekanntesten, vielfach aufgelegten und übersetzten Handbücher, Cesare Ripas »Iconologia« (1593/1603), als eine bekleidete weibliche Figur mit einer Fackel und einem Buch dargestellt.[5]

Noch näher an unseren Beispielen ist bei Cesare Ripa die »Verita«, ebenfalls eine weibliche Figur, aber fast nackt bis auf das Flatterband um die Hüften, in

4 Vgl. Albertina (2013).
5 Ripa (1603), 441.

der einen, erhobenen Hand eine Sonne und in der anderen ein Buch (sowie einen Palmwedel) tragend. Sie steht mit einem Bein graziös auf einer Erdkugel. Bild und dazugehöriger Text sind aufeinander bezogen und teilen dem kundigen Lesepublikum eine Botschaft mit, die sich in etwa so entziffern lässt: Die Wahrheit ist weiblich, weil das lateinische Wort veritas grammatisch Femininum ist, sie ist nackt, weil sie größte Klarheit unverhüllt bietet, die Sonne bezeichnet das göttliche Licht, das die Welt sichtbar und erkennbar macht, die Wahrheit findet sich in Büchern und lässt sich schwer verbiegen, denn der Palmwedel ist als besonders widerstandsfähig bekannt, und die Wahrheit steht schließlich über allem, auch über der Welt, weshalb sie einen Fuß auf die Weltkugel stellt.[6]

Die Allegorien der Sapientia (Weisheit) oder Prudentia (Klugheit) wiederum tauchen in der Malerei öfter auch mit einem Spiegel in der Hand auf, der das Sonnenlicht zurückwirft, als Zeichen der getreuen Wiedergabe höherer Wahrheit.

Ein solcher Spiegel, der optisch fast wie eine kleine Sonne oder eine elektrische Leuchte wirkt, findet sich auch in der erhobenen Hand der Frauenfigur auf einem Gemälde des französischen Malers Jules Lefebvre (1836–1911), betitelt »La Vérité« (1870), das wohl einen Einfluss auf den Entwurf der Freiheitsstatue von Frédéric Auguste Bartholdi hatte. Dass es sich tatsächlich um einen Spiegel handelt und nicht um eine Lampe, erkennt man an der fein ziselierten Umrahmung, auch fehlt der sonst bei den Feen der Elektrizität mitgegebene Hinweis auf die Energiequelle. Lefebvre hat das Bild zuerst im Pariser Salon 1870 ausgestellt, im gleichen Jahr, in dem auch der Bildhauer Frédéric-Auguste Bartholdi (1834–1904) ein Werk zeigte, das Modell einer Reiterstatue des gallischen Helden Vercingétorix. Das Bild der Vérité wurde vom Staat angekauft und nahm dann an der Weltausstellung 1878 im Palais du Trocadéro teil.[7] Wir sind nun schon wieder in der Zeit der elektrischen Feen angelangt, denn auf dieser Weltausstellung wurde unter anderem das elektrische Licht als technische Innovation vorgestellt. Auf historischen Abbildungen zur gleichen Weltausstellung sieht man auch den monumentalen Kopf der Freiheitsstatue.[8]

Deren Schöpfer Frédéric-Auguste Bartholdi stammte aus Colmar im Elsass, wo ihm ein sehenswertes Museum gewidmet ist. Sein berühmtestes Werk wurde unter dem Titel »Freiheit, die die Welt erleuchtet« die monumentale Statue, die vom französischen Volk als Geschenk den Vereinigten Staaten 1886 übergeben wurde. Das Projekt war angeregt worden durch den französischen Politiker Edouard de Laboulaye, der über diesen Weg auf einen Rücktransport des Ge-

---

6 Thaler-Battistini (2015), Abb. 10, sowie Ripa (1603).

7 Musée d'Orsay, Jules Lefebvre, La Vérité, en 1870, unter: https://www.musee-orsay.fr/fr/collections/catalogue-des-oeuvres/notice.html?no_cache=1&nnumid=000917&cHash=536a03d217, letzter Zugriff: 8.1.2021.

8 Siehe Wikipedia, unter: https://commons.wikimedia.org/wiki/File:Expo_Par%C3%ADs_1878.jpg und unter: https://de.wikipedia.org/wiki/Freiheitsstatue#/media/Datei:SOLparkParis.jpg, letzter Zugriff: 8.1.2021.

*Abb. 13:* Links: Jules Lefebvre, La Vérité, 1870, Öl auf Leinwand, 264 × 112 cm, Musée d'Orsay, Paris. Rechts: Frederic-Auguste Bartholdi, Terrakotta-Figur nach einem Modell zur Freiheitsstatue, 1875, Terrakotta bronziert.

dankens der politischen Freiheit ins eigene Land hoffte. Bartholdi griff den Gedanken auf und betrieb das enorme Projekt, das auch konstruktionstechnisch eine Herausforderung darstellte, mit Nachdruck.

Die Figur, in die ikonologisch auch die römische »Libertas« und die »Columbia« als Personifikation Amerikas eingegangen sind, hält in der einen Hand eine Fackel, in der anderen eine Tafel mit dem Datum der amerikanischen Unabhängigkeitserklärung. Sie trägt einen Strahlenkranz auf dem Kopf, der die Sonnensymbolik der »Wahrheit« reflektiert. Bartholdi hatte für sein Lebenswerk mehrmals die Vereinigten Staaten bereist und sein durch Spendenkampagnen in beiden Staaten unterstütztes Projekt tatkräftig propagiert.[9]

Der völkerverbindende Freiheitsgedanke, der sich in der Freiheitsstatue ausdrückt, hat natürlich seine Wurzeln in der Geschichte: Die Französische Revolution von 1789 bis 1799 war durch die amerikanische Unabhängigkeitsbewegung geprägt, an der sich zuvor schon freiheitsliebende Franzosen beteiligt hatten. In den amerikanischen Sezessionskriegen (1775 bis 1783) hatte sich Frankreich mit Waffenlieferungen und Truppen eingeschaltet. Ins kollektive Bildgedächtnis zur Geschichte der Freiheitsbewegungen ist die »Freiheit auf den Barrikaden« eingegangen, eine weibliche Figur, die in der erhobenen Hand eine französische Fahne schwenkt und in der anderen ein Gewehr trägt. Das Gemälde, das Bezug nimmt auf die französische Julirevolution von 1830, stammt von Eugène Delacroix und trägt den Titel »La Liberté guidant le peuple« (1830).

Dieser Gang durch die Ahnengalerie der Fee der Elektrizität zeigt, wie viele Bedeutungsebenen sich in dem Gesamtbild angelagert haben. Die Heroine der neuen Energie schreitet auch als Botschafterin der Wahrheit und der politischen Freiheit über die Weltkugel hinweg in eine neue Zeit hinein. Aber ein wichtiger Aspekt ist bisher noch nicht ausgeleuchtet worden: Das ist die Naturnähe der Elektrizität. Die Figur der elektrischen Fee, wie sie sich über mehrere Stadien hinweg entwickelt hat, bezieht sich auch auf ein sehr bekanntes Werk der Romantik.

Philipp Otto Runges Figur der »Aurora« und sein Gemälde »Der Morgen«, auf das wir im nächsten Kapitel eingehen werden, spielen im Dispositiv der Elektrizität eine besondere Rolle. Das Zitat des Werks in den Figurationen der Elektrizität verknüpft diese mit einem Naturverständnis, das in der Phase der Romantik in zahlreichen Facetten ausgearbeitet und philosophisch vertieft wurde. Auch die Phänomene der Elektrizität wurden in diesem Kontext untersucht und ins Poetische erweitert. Wie wir gesehen hatten, gehören die Zerstörungen der Biosphäre zu den schweren Nebenfolgen des prometheischen Weges. Mit der Naturphilosophie der Romantik ist noch einmal der Versuch unternommen worden, die Entfremdung von der Natur durch das Prinzip der antwortenden Gegenbilder zu heilen. Die Natur wird als Resonanzraum der Seele erschlossen, zugleich leben alte Konzepte vom Buch der Natur, in dem wir zu lesen lernen, wieder auf. Die Romantik entwickelt damit wesentliche Elemente für ein verändertes Verhältnis zur Natur, das heute eine nähere Betrachtung lohnt. Nicht alles wird übertragbar sein, manches bedarf des Anschlusses an zeitgemäße Denkfiguren. Die Linie zur Gegenwart, die hier verfolgt wird, zielt ab auf ein kooperatives, schöpferisches und zugleich empathisches Verhältnis zur Natur, das Fachgrenzen überschreitet und das poetischem Denken und Sehen Raum gibt. Gerade die romantische Reflexion der Elektrizität hat hier einige Ansatzpunkte zu bieten.

---

9 Musée Bartholdi (o. J.), Colmar, Auguste Bartholdi. Biographie, und National Park Service (2020), Creating the Statue of Liberty, The French Connection.

*Abb. 14:* Ludwig Kandler, Das elektrische Licht, Kupferstich
für die AEG (1883), veröffentlicht in: Illustrirte Zeitung
(Leipzig), 16.8.1884.

Ein visuelles Bindeglied zwischen der Aurora Philipp Otto Runges und der Allegorie der Fee der Elektrizität stellt eine Arbeit des Künstlers Ludwig Kandler (1856–1927) dar, die er 1883 ebenfalls für die AEG entworfen hatte.[10] Kandler, der an der Münchner Kunstgewerbeschule und danach an der Akademie der bildenden Künste in München studiert hatte, hat einen Prototyp für viele weitere weibliche Allegorien der Elektrizität geschaffen. Er bedient sich eifrig bei Runge: Hier wie dort schreitet die weibliche Figur über die weite Erde, die sich tief in den Hintergrund dehnt, die Lichtlilie in der hoch erhobenen Hand ist ersetzt durch eine elektrische Leuchte (die andere Hand trägt die Batterie dazu), und die be-

10  Vgl. Paul (2013), 21.

gleitenden beiden Putti telefonieren (!). Das alles balanciert hart am Rande der Lächerlichkeit, sind doch die weiten Interpretationsspielräume der Schöpfung Runges hier plakativ aufs Allerkonkreteste verengt.

Als Glied einer ikonologischen Reihe kann die Arbeit aber zeigen, welche Kulturgüter die Zeitgenossen in dieser modernen Energiequelle aufgehoben sahen. Die Botschaft, die damit einem bildungsbürgerlich informierten Publikum mitgeteilt wird, ist als eine Synthese von Kultur und Naturromantik mit dieser neuen, siegreichen Möglichkeit der Energiegewinnung lesbar. Was die Romantik versprach, hier wird es eingelöst: Die Bändigung des Prometheus, für den die Blitze unten links im Bild stehen, durch eine weibliche Macht im Bunde mit den Kräften der Natur bringt der Welt das Licht des neuen Zeitalters.

*Abb. 15:* Philipp Otto Runge, Der Morgen, 1808, Öl auf Leinwand, 106 × 81 cm, Hamburger Kunsthalle.

# 6. Die Göttin des Lichts und der Natur

## 6.1 Der Morgen

Philipp Otto Runge gehört mit Caspar David Friedrich zu den bedeutendsten Malern der deutschen Romantik. 1777 in Wolgast, im damaligen Schwedisch-Pommern in einer Kaufmannsfamilie geboren, hat Runge zeit seines kurzen Lebens gegen das akademische Kunstverständnis opponiert und um eine Neuschöpfung der Malerei aus dem Geiste der Landschaft gerungen. Die Malerei aus der Landschaft und damit der Natur heraus neu zu begründen war das Anliegen der Epoche. Auch Caspar David Friedrich, den Runge während seiner Kunststudien in Dresden kennengelernt und in Greifswald besucht hatte, widmete sich einer neuen Sicht der Landschaft, aber mit anderen künstlerischen Konsequenzen als Runge. Der Kreislauf der Zeiten in der Abfolge von Morgen, Mittag und Abend oder im Ablauf der Jahreszeiten hat jedoch beide fasziniert. Runges Bild »Der Morgen« gehört zu solch einem Zyklus, in dem auch der Tag, der Abend und die Nacht vertreten sein sollten. Von diesem Zeiten-Zyklus existieren Radierungen, die 1805 in kleiner Auflage erschienen. Der Morgen wurde, neben der Mittelgruppe aus »Der Tag«, als einziges Element dieses Kreislaufs vollständig in Farbe ausgeführt. Die erste Fassung, auch »Kleiner Morgen« genannt, vollendete Runge 1808; eine weitere Fassung, der »Große Morgen«, blieb unvollendet, denn Runge starb bereits 1810 an Tuberkulose.

In Dresden hatte Runge auch den Dichter Ludwig Tieck kennengelernt, der ihn mit der Mystik Jakob Böhmes und den Werken des Novalis bekannt machte. Runge hat wie Goethe eine eigene Farbenlehre entwickelt und pflegte mit dem Weimarer einen Briefwechsel. Solchermaßen vernetzt, vermochte er in seiner Malerei Strömungen der Naturphilosophie vom deutschen Idealismus bis zur Romantik ins Bild zu setzen und in seinen hinterlassenen Schriften auch theoretisch zu begründen.[1]

Betrachten wir zunächst die weibliche Figur in der Mitte des Bildes, deren Ikonologie wir mit Sapientia und Veritas zum Teil schon kennengelernt haben. In der Literatur wird sie als »Aurora« bezeichnet, eine Personifikation der Morgenröte. Runge selbst nennt die Figur, zu der es Vorzeichnungen gibt, Aurora oder Venus, aber auch »Urania« und bezieht sich damit auf eine Schrift seines Lehrers Gotthard Ludwig Kosegarten, der als Theologe, Pädagoge und Dichter in Wolgast wirkte. Kosegarten hatte in seinem Essay »Über das wesentlich Schöne.

---

1  Vgl. Jensen (1978).

Eine Ekstase« (1790) mit diesem Namen die Idee der himmlischen Urschönheit benannt. Eine Dresdner Kopie der Mediceischen Venus, die Runge gezeichnet hat, gilt als ein Vorbild der Figur und brachte ihr den Namen Venus mit.[2] Die Venus wird ja traditionell sowohl als Abendstern wie als Morgenstern bezeichnet. Die Venus Urania wiederum tritt in der kunstgeschichtlichen Ikonografie als himmlische Liebe der irdischen Liebe gegenüber. In Kosegartens Lesart als himmlische Urschönheit erfährt das Motiv aber eine weitere Ausdehnung ins Idealisch-Kosmologische, die auch bei Runge spürbar ist.

Die spirituelle Komponente wird betont durch die Lichtlilie, die sich über dem Haupt der Göttin erhebt. In feinster Lasurmalerei und zarten graublauen Farbtönen angelegt, wirkt diese Lilie wie eine Erscheinung, die aus dem Licht selbst hervortritt. Anders als die Fackelträgerinnen des künstlichen Lichts hält diese Göttin die Lilie nicht in der erhobenen Hand, sondern hebt eine verschlungene Strähne ihres Haars empor. Oben leuchtet über drei Cherubsköpfen der Morgenstern, dessen Strahlen über das Bild im Bild hinausreichen. Der Lilie entschweben Engelskinder mit Musikinstrumenten, die sicherlich die Harmonie der Sphären darstellen. Darunter, rechts und links symmetrisch angeordnet, wenden sich Rosengenien ehrfürchtig dem Kind in der Mitte zu.

Sowohl die Lilie wie auch die Aurora gehören zu zentralen Motiven des philosophischen Mystikers Jakob Böhme (1575–1624), der Romantiker wie Novalis, Tieck oder Schelling in seinen Bann zog. In seiner Schrift »Aurora oder Morgenröte im Aufgang« (1612) bezieht er sich auf einen Vers des Hohen Liedes 6:10, der ziemlich gut unserem Bild entspricht: »Wer ist sie, die hervorbricht wie die Morgenröte, schön wie der Mond, klar wie die Sonne, gewaltig wie ein Heer?« Bei Böhme tritt diese göttliche Frau als Bewegerin der Natur und als eine weibliche Entäußerung Gottes im Kontext einer variationsreichen Lichtmetaphorik auf, die seine Werke durchzieht. Diese Zeit des Lichts steht im Zeichen der Lilie, die eine neue Ära, eine Endzeit oder eine Wiederkehr des Heils andeutet: »Denn eine Lilie blühet über Berg und Tal in allen Enden der Erden. Wer da suchet, der findet.«[3] Der Lilie sind zahlreiche Texte der Bibel gewidmet, sie ist in der Kunstgeschichte eine Begleiterin der Maria, häufig in Darstellungen der Verkündigung, wo sie für Reinheit und Keuschheit steht. Die göttliche Frau gewinnt durch diese spirituelle Bedeutungsebene eine christliche Tönung. Auch die Rose, in der Antike der Venus beigegeben, ist in der christlichen Ikonologie eine Blume Christi und der Madonna. Maria, Venus, Aurora, Göttin der Wahrheit und der Weisheit, der Liebe und der Natur – und dahinter die Öffnung ins Licht: all das umfasst diese visionäre Komposition.

Die Brücke zwischen Jakob Böhme als Verkünder einer neuen Zeit der Morgenröte und den Ideen der romantischen Bewegung schlägt Novalis in einem

---

2  Vgl. Jensen (1978), 32/33 und 83.
3  Böhme (1991), Vorwort, 9.

Gedicht auf seinen Dichterfreund Ludwig Tieck. Die Emphase, mit der hier das neue und letzte Reich apostrophiert wird, wirft wieder ein Licht zurück auf Runges Gemälde, das diese Jenseits- und Erlösungshoffnung ebenfalls imaginiert.

> An Tieck
> (...)
> Die Zeit ist da, und nicht verborgen
> Soll das Mysterium mehr sein.
> In diesem Buche bricht der Morgen
> Gewaltig in die Zeit hinein.
> Verkündiger der Morgenröte,
> Des Friedens Bote sollst du sein.
> Sanft wie die Luft in Harf und Flöte
> Hauch ich dir meinen Atem ein.
> Gott sei mit dir, geh hin und wasche
> Die Augen dir mit Morgentau.
> Sei treu dem Buch und meiner Asche,
> Und bade dich im ewgen Blau.
> Du wirst das letzte Reich verkünden,
> Das tausend Jahre soll bestehn;
> Wirst überschwänglich Wesen finden,
> Und Jakob Böhmen wiedersehn.[4]

Das Kind in der senkrechten Lichtachse, das zur Göttin emporblickt, ist eine Erfindung Runges, die in der Radierung des »Morgen« noch nicht auftauchte. Runge hat in seinen Werken eine eigene Mythologie des Kindes entwickelt, die auch die vielen kleinen Genien im Bild und in der Rahmenleiste umfasst. Das Kind steht für die Unschuld des Paradieses, für eine Einheit, die verloren ging, aber durch die Liebe wieder hergestellt wird. Wenn auch die Wissenschaft in tausend Einzeldinge zersplittert wurde, so kann die Liebe alles wieder miteinander in Verbindung bringen. Liebe, das ist die alte Sehnsucht nach der Kindheit, nach dem Paradies, nach Gott. Die Liebe führt aus der Zersplitterung der entfremdeten Welt wieder zum Ganzen.[5]

## 6.2 Metamorphosen und Kreisläufe

Durch die Rahmenleiste und den gemalten gekehlten Außenrahmen hat Runge eine Bild-im-Bild-Komposition geschaffen. Ursprünglich hatte er sich vorgestellt, die Zeitenbilder als Architekturelemente in einen Raum einzubauen, und so die Idee eines Gesamtkunstwerks, das ein Erleben im Bild ermöglicht, vorweg-

---

4  Novalis (1802/2020 c), 81 ff.; vgl zum Gedicht auch Böhme (1991), 21.
5  Vgl. Jensen (1978), 79.

genommen. In der Rahmenleiste des Gemäldes wird die spirituelle Bedeutung des Gesamtwerks unterstrichen: Unten von der verfinsterten Sonnenscheibe her, also aus dem Dunkel heraus, bewegen sich rechts und links eine Reihe von kindlichen Figuren nach oben hin. Jörg Traeger hat das als Aufstieg der weiblichen und männlichen Seele zum Licht gedeutet.[6] Die kindlichen Seelen reichen zuerst einer Kinderfigur die Hand, die im Wurzelwerk einer Amaryllis-Zwiebel sitzt, dann erheben sich zwei Blumengenien mit erhobenen Armen aus der erblühten Amaryllis, über der weiße Lilien emporstreben. Oben in deren Blüten beugen sich mit anbetend verschränkten Armen zwei Kinder dem Geschehen im Binnenbild entgegen. Die Blumenelfen sind so mit den Blumen selbst verbunden, dass das Rahmenbild wie eine große Kette der Metamorphose zwischen menschlicher und pflanzlicher Welt wirkt.

Die Metamorphose der Pflanzen hatte bekanntlich auch Goethe in einer Elegie besungen. Er präludiert damit einem zentralen Motiv der Romantik: der Einheit von Wissenschaft und Poesie (zu der auch die bildende Kunst gehören kann) im Sinn einer betrachtenden, anschauenden Erkenntnis der Natur, wie sie sich von selbst darbietet. Diese anschauende Naturbetrachtung unterscheidet sich deutlich von der experimentellen Methodik, die die Natur zurichtet oder zerlegt, um die so gewonnenen Erkenntnisse einem rationalen System zu integrieren. Es ist unschwer zu erkennen, dass diese ganzheitliche Betrachtungsweise eine Brücke baut zu den heutigen Geosystemwissenschaften und einer Ökologie, die Ökosysteme ganzheitlich betrachtet. Die Renaissance eines Denkers wie Alexander von Humboldt sowie früher, literarischer Ökologien erklärt sich aus dieser gedanklichen Verbindung.

Heinrich Detering erläutert, wie Goethes Abhandlung »Versuch, die Metamorphose der Pflanzen zu erklären« (1790) und das daraus hervorgegangene Lehrgedicht »Die Metamorphose der Pflanzen« aus dem Jahr 1798 nicht nur Humboldt, sondern auch den Naturforscher und Darwinisten Ernst Haeckel begeisterten, der auch durch seine Formulierung des Begriffs der »Ökologie« bekannt geworden ist. Goethe hatte versucht, ein verallgemeinerbares Modell biologischen Lebens zu formulieren, das er im Laufe der Jahre mehrfach Veränderungen unterzog. Detering verfolgt diesen Weg bis in den zweiten Teil des »Faust« und »Wilhelm Meisters Wanderjahre« hinein.[7]

Im Lehrgedicht verbindet Goethe die botanischen Betrachtungen mit einer erotischen Gesprächssituation: Ein Liebender erklärt der Geliebten die Bildungsgesetze der Pflanzen in erotischen Bildern und bezieht diese wiederum zurück auf die Liebesbeziehung. Diese wechselseitige Durchdringung von Menschen- und Pflanzenwelt im Rahmen einer Liebesmetaphorik finden wir auch in Runges »Morgen«. Dass hier ein Welt- und Lebensprinzip waltet, dessen Spuren und

---

6  Traeger (1977), 128.
7  Vgl. Detering (2020), 183 ff.

Zeichen die Betrachtung der Natur offenbart, formuliert Goethe in seinem Gedicht so:

> Jede Pflanze verkündet dir nun die ewgen Gesetze,
> Jede Blume, sie spricht lauter und lauter mit dir.
> Aber entzifferst du hier der Göttin heilige Lettern,
> Überall siehst du sie dann, auch in verändertem Zug.[8]

In dem (gemalten) Rahmen auf Runges »Der Morgen«, in dem sich Kinderfiguren und Blumenelemente zur Kette fügen, finden wir Goethes analogisches In-Beziehung-Setzen von pflanzlicher und menschlicher Metamorphose nunmehr gesteigert zu einer Metamorphose des Pflanzlichen ins Menschliche hinein (und zurück?) – einer Metamorphose mithin, die auch die Grenzen der Gattungen zu überspringen vermag.[9] Sie führt die Menschenkinder von der dunklen Sonne zum Licht, über die Stadien der Wurzelwerke zur roten Blüte der Amaryllis mit den ausgeprägten Stempeln – einem Fruchtbarkeitssymbol – und von da zur weißen Lilie hinauf. Trotz der Differenz liest sich das Bild, kraft des Verwandlungsgedankens und einer Lichtregie, welche die Grenzöffnung zwischen Materiellem und Geistigem leistet, wie eine visuelle Paraphrase zu Goethes Gedicht. Die Funktion der Lichtregie übernimmt hier eine metaphorische Sprachgebung, welche permanent Analogien zwischen Mensch und Pflanze, Geistigem und Organischem aufzeigt bzw. herstellt:

> Einfach schlief in dem Samen die Kraft; ein beginnendes Vorbild
> Lag, verschlossen in sich, unter die Hülle gebeugt,
> Blatt und Wurzel und Keim, nur halb geformet und farblos;
> Trocken erhält so der Kern ruhiges Leben bewahrt,
> Quillet strebend empor, sich milder Feuchte vertrauend,
> Und erhebt sich sogleich aus der umgebenden Nacht.
> Aber einfach bleibt die Gestalt der ersten Erscheinung,
> Und so bezeichnet sich auch unter den Pflanzen das Kind.[10]

Die Entwicklung der Pflanze stellt das Gedicht wie einen menschlichen Lebensprozess dar, von der Geburt über die Kindheit bis zur Geschlechtsreife und Zeugung einer neuen Generation. Runges Pflanzen-Kind-Ranken im Rahmenbild zeigen ebenfalls einen Prozess des Werdens aus dem Dunkel heraus. Mit einer üppigen Hochzeits- und Liebesmetaphorik wird im Gedicht der ewige Ring der Naturkräfte gefeiert, aus dem immer wieder neues Leben erwächst. So beleuchtet das Gedicht die Liebe – die Polarität zwischen Männlichem und Weiblichem – als

---

8  Goethe (1827/1977 b), 205 f.
9  Die Vertiefung und Differenzierung des Verständnisses der Beziehungen zwischen Runges Bild und Goethes Gedicht hier und in den folgenden Passagen verdanke ich Monika Fick, Neuere Deutsche Literaturgeschichte der RWTH Aachen.
10  Goethe (1827/1977 b), 204.

die vereinigende Trieb- und Steigerungskraft der Natur, wobei diese Liebe das
Individuum überschreitet, sich erst in der Frucht – dem Kind – erfüllt:

> Traulich stehen sie nun, die holden Paare, beisammen,
> Zahlreich ordnen sie sich um den geweihten Altar,
> Hymen schwebet herbei, und herrliche Düfte, gewaltig,
> Strömen süßen Geruch, alles belebend, umher.
> Nun vereinzelt schwellen sogleich unzählige Keime,
> Hold in den Mutterschoß schwellender Früchte gehüllt.
> Und hier schließt die Natur den Ring der ewigen Kräfte;[11]

All das ist jedenfalls Ausdruck einer innigen Verwandtschaftsbeziehung zwischen Mensch und Natur. Die Verbindung einer blauen Blume mit der als persönliche Sehnsucht wie als kosmische Kraft verstandenen Liebe hatte Novalis in
seinem Romanfragment »Heinrich von Ofterdingen« zum Signet einer Epoche
gemacht. Runges ein wenig ins Bläuliche spielende Lichtlilie passt in diese Sym-
bolwelt. In seiner Farbenlehre, die der Künstler unter dem Eindruck des Stu-
diums der Schriften Jakob Böhmes entwickelt hat, ist Blau die Farbe Gottes, die
drei Grundfarben Rot, Gelb und Blau stehen gemeinsam für die Dreieinigkeit,
die durchsichtige Farbgebung, in der Lilie meisterhaft umgesetzt, steht für das
Ideale gegenüber dem Realen, das in undurchsichtige Farben gekleidet wird.[12]

Der »Ring der ewigen Naturkräfte«, der Kreislauf des bewegten Lebens im
Wechsel der Zeiten, den Runge wie auch Caspar David Friedrich in Tages- und
Jahreszeiten-Bildern darstellen, hat eine alte und mystische Verbindung zur
Metaphorik der Blumen, die mitunter als Quelle der blauen Blume des Novalis
genannt wird.[13] In einer Bildtafel in der alchemistischen Schrift des Hieronymus Reusner, der sich in die Tradition des Paracelsus stellt, aus dem Jahre 1582
sprießen drei Blumen aus dem Ouroborus empor, dem Drachen, der sich in
den Schwanz beißt (Abb. 16). Der Titel des Werks lautet »Pandora: Das ist, die
edelst Gab Gottes, oder der werde und heilsame Stein der Weysen« und signalisiert damit, dass das große Werk der Umwandlung der Stoffe in den Dienst
der Erschaffung des Steins der Weisen trete. Der Holzschnitt ist in manchen
Ausgaben nicht koloriert, sodass wir nicht sicher sagen können, ob die mittlere
Blume blau sein sollte. Der Text vor der Seite teilt uns mit, dass die Kunst der
Philosophen dreierlei Rosen hervorbringe, wenn sie sich zur Höhe der Erkenntnis Richtung Sonne und Mond emporschwinge. Im Holzschnitt selbst ist die
mittlere Blume als »flos sapientum« oder »blum der weisen« bezeichnet, die linke
als rot, die rechte als weiß. Sie erheben sich aus dem alchemistischen Gefäß, in
dem der Ouroborus als Symbol des unendlichen universalen Kreislaufs liegt. Der

---

11  Ebd., 205.
12  Vgl. Jensen (1978), 169 ff.
13  Vgl. Gebelein (1991), 238; Infoblatt »Die blaue Blume«, Literaturmuseum Romantiker-
haus Jena.

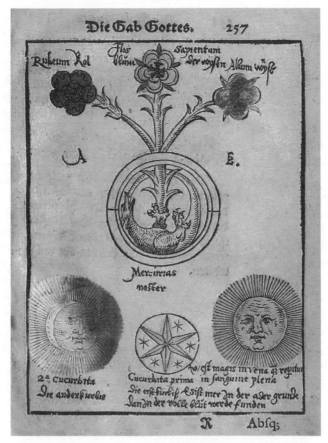

*Abb. 16:* Drei Blumen, die aus dem Ouroborus aufsteigen. Aus Hieronymus Reusners alchemistischer Schrift »Pandora« (1582).

»Mercurius noster« ist der philosophische Mercurius, profan das Quecksilber, in der Alchemie aber die zentrale Substanz des gesamten Verwandlungswerkes.

Merkurius kann als Urmaterie auftreten und als Stein der Weisen, als Anfang und Ende des großen Werks der Verwandlung und als in der Materie verborgener weltschaffender Geist.[14] Sigmund Freuds abtrünniger Schüler C. G. Jung hat der Alchemie eine eigene Schrift gewidmet und darin eindringlich dargelegt, dass der Verwandlungsprozess der Stoffe in der Alchemie engstens mit einem seelischen Wandlungs- und Werdeprozess verwoben ist. Mit der Alchemie begegnen wir einer verborgenen Traditionslinie, die ganz offenkundig nicht naturwissenschaftlich war, aber für die Romantik ein Bild der Natur übermittelte, das, um ein rätselhaftes Bewegungsprinzip allen Seins kreisend, Seele und Sein, Mensch

14  Jung (1989), 69, Haage (1996), 101 ff. und 186.

und Natur nicht trennte. Das Gewebe der Welt-Gott-Natur-Einheit ist in hohem Maße bedeutungstragend, zum Teil, weil der Mensch diese Bedeutungen herausfindet, aber auch, weil die Natur mit den Menschen spricht.

Das Bild Runges offenbart diese Tiefenschichten, weil es gelesen werden kann wie ein Text. Es ist eine allegorische Komposition, die auf überlieferten und verwandten Bedeutungsebenen fußt und neue schafft. Allegorie, Arabeske und Hieroglyphe gehören zu den bevorzugten poetischen Gestaltungselementen der Romantik. Wilhelm Heinrich Wackenroder nennt die Sprache der Kunst eine »Hieroglyphenschrift«, deren Zeichen wir zwar zu kennen meinen, die aber das Geistige so in das Sichtbare hineinschmelze, dass wir in unserem ganzen Wesen davon ergriffen seien. Novalis berichtet in dem Romanfragment »Die Lehrlinge zu Sais« von »jener großen Chiffernschrift« der Natur, deren Schlüssel wir höchstens erahnen, »die man überall, auf Flügeln, Eierschalen, in Wolken, im Schnee, in Kristallen und in Steinbildungen, auf gefrierenden Wassern, im Innern und Äußern der Gebirge, der Pflanzen, der Tiere, der Menschen, in den Lichtern des Himmels, auf berührten und gestrichenen Scheiben von Pech und Glas, in den Feilspänen um den Magnet her und sonderbaren Konjunkturen des Zufalls, erblickt.« Joseph Görres (1776–1848), der die vier Grafiken der »Zeiten« in poetische Worte kleidet, nennt Runges Weise, »in der diese Bilder gedacht erscheinen«, nicht Arabeske, sondern eine »Hieroglyphik der Kunst, plastische Symbolik«, die aus den organischen Formen der Natur »eine heilige Rede, die der Sinn mit Andacht hören sollte«, formt.[15]

Die Beseelung der Natur im Gespräch formuliert auch Philipp Otto Runge selbst:

Wie selbst die Philosophen dahin kommen, daß man alles nur aus sich heraus imaginiert, so sehen wir oder sollen wir sehen in jeder Blume den lebendigen Geist, den der Mensch hineinlegt, und dadurch wir die Landschaft entstehen, denn alle Tiere und Blumen sind nur halb da sobald nicht der Mensch das Beste dabei tut; so dringt der Mensch seine eigenen Gefühle den Gegenständen um sich her auf, und dadurch erlangt Alles Bedeutung und Sprache.
[…]
Es kommen mir bisweilen Stunden, wo mir ist, als sähe ich die Welt sich in ihre Elemente zerteilen, als ob Land und Wasser und Blumen, Wolken, Mond und Felsen Gespräche führten, als sähe ich diese Gestalten lebendig vor mir.[16]

Mit der Idee der Sprache der Natur, die in der Kunst augenscheinlich wird, verbindet sich die Hoffnung, dass die Kluft zwischen Mensch und Natur aufgehoben werde.

---

15  Novalis, (1802/2020 b), 165; Wackenroder, Tieck (1796/1977), 62 f.; Görres (1808/2016), 269 f.
16  Zit. nach Jensen (1978), 131, 132.

## 6.3 Die Sprache der Natur

Goethe hatte in seiner Elegie »Die Metamorphose der Pflanzen« der »Göttin heilige Lettern« genannt, die die »ewgen Gesetze« der Natur verkünden. Damit greift er den alten Gedanken des Buches der Natur auf. Karl-Heinz Göttert verfolgt die Geschichte dieser Metapher in der Zeit vor der Moderne, was schon die Frage impliziert, warum und wie die Moderne das Verständnis dieser Sprache verlor. Das »Verstummen der Natur«, so ein neuerer Buchtitel, bezieht sich ja nicht nur auf weniger Vogelgesang und Insektensterben, sondern auch auf das Erlöschen von Verstehens- und Verständigungsmöglichkeiten und damit das Erlöschen von Sinn.[17]

Obwohl es Zeugnisse einer sprechenden und sinnerfüllten Natur schon in der Antike gibt, taucht die Metapher vom »Buch der Natur«, so Göttert, explizit erst im 4. Jahrhundert n. Chr. auf. Sie basierte gedanklich auf der gegenseitigen Spiegelung von Makrokosmos und Mikrokosmos, einer wirkmächtigen Analogie, die schon Platon im Timaios entwickelt hatte. Der einflussreiche Kirchenlehrer Augustinus (354–430) greift den Gedanken der doppelten Offenbarung auf: Neben die Offenbarung der Bibel, den »liber scripturae« (Buch der Schrift), rückt die Offenbarung der Natur im »liber creaturae« (Buch der Schöpfung). Beide erläutern sich gegenseitig. Die Dinge, Pflanzen und Tiere der Natur erklären die Begebenheiten der Heiligen Schrift, welche wiederum den Phänomenen der Natur Sinn verleihen. Glauben und Wissen sind engstens aufeinander bezogen. Die großen Theologen des Mittelalters haben das Lesen im Buch der Natur und das Hören auf ihr Sprechen bis in die frühe Neuzeit hinein weitergepflegt. Auf diese Weise wurde Wissen über die Natur aus der Antike tradiert und dabei auch mit moralischem Sinn aufgeladen. In diesem Traditionsprozess ist auch zu beobachten, wie das Buch der Natur allmählich stärker wirkt und gegenüber dem geschriebenen Wort an Wertigkeit gewinnt.

So kann der Kundige in der Natur ebenso das harmonische Schöpfungswerk Gottes erkennen wie auch die künstlerische Schönheit in ihren Erscheinungen. Göttert zitiert den Benediktinerabt Ludovicus Blosius (Louis de Blois, 1506–1566), der in der Mitte des 16. Jahrhunderts den Naturphänomenen eine Leseanweisung mitgibt. Der Abt möchte mit dem Anbrechen des Frühlings »die Herrlichkeit der künftigen Auferstehung« preisen. Das Zitat zeigt außerdem, wie nahe das Buch der Kunst an das Buch der Schrift heranrücken konnte, was später dann auch für die Romantik bezeichnend werden wird:

---

17 Vgl. Göttert (2019); die Darstellung orientiert sich im Folgenden an Göttert. Vgl. Angres, Hutter, (2018).

*Abb. 17:* Aus dem »Buch der Natur« von Konrad von Megenberg (um 1309–1374):
Verschiedene Vogelarten in einer Landschaft. Gedruckt von Johann Schönsperger, Augsburg 1499, 26,2 × 18,4 cm, Holzschnitt, handkoloriert. »Dahinter steht
der Gedanke, daß Gott sich in jeder Kreatur seiner Schöpfung dem Menschen
offenbare. Alle von ihm geschaffenen Dinge sind Zeichen seines göttlichen
Wirkens und Wollens. Alles in der Natur hat eine besondere Bedeutung, die sich
auf den Menschen, seine Persönlichkeit und sein Leben übertragen läßt. Diese
ist jedoch nicht offen zu erkennen, sondern liegt in den Dingen verborgen. Me-
genbergs Absicht ist es, seinen Freunden diese verborgene Bedeutung vor Augen
zu führen und zu erläutern. Nur wer die Bedeutung der Dinge kennt, kann in
ihnen Gott erkennen und versteht es, in der Natur zu lesen, wie in einem Buch.«[18]

18  Spyra, Effinger (2008).

[...] betrachte die Schmetterlinge, Fliegen, Schnaken, betrachte den Tausendfuß, die Ameisen und Spinnen, betrachte die einzelnen Arten der Insektentierchen. Wie zweckentsprechend, wie schön ist nicht, was Gott geschaffen! Schau an das Gefüge und den Bau des Menschenkörpers, schau an das Himmelsgebäude, zieh in Betracht die Anordnung der Elemente und der Zeiten Wechsel, betrachte alles andere, und überall wirst du eine wunderbare Harmonie, eine wunderbare Angemessenheit und eine wunderbare Schönheit finden. Willst du nur eines Baumes Blatt betrachten, nimmst du ein unglaubliches Kunstwerk in ihm wahr. Du siehst, wie zweckmäßig es an dem Ast des Baumes näheren Teil kräftiger ist; du siehst, wie angemessen es sich breitet und wie schön auch wieder schlank wird, wie zart es wie gezahnt von einem Zackenkreis gerahmt ist, wie genau es in sich durch hier- und dorthin führende Rippchen angelegt ist.[19]

Beachtlich, dass in diesem Zitat der Bau des Menschenkörpers ebenfalls unter die Naturerscheinungen gerechnet wird. Allerdings zielt das gesamte Konzept des Buches der Natur auch darauf ab, den Menschen im Zentrum der Schöpfung zu lokalisieren, was nahelegt, die Gegebenheiten der Natur aus ihrer Nützlichkeit für den Menschen heraus zu erklären. Man kann darin eine Vorstufe zur Ausbeutung der Natur sehen. Allerdings ist mit der religiösen Fundierung des Ganzen das Postulat der Ehrfurcht vor der Schöpfung und der Bewunderung ihrer wohlgeratenen Einrichtung als eine Form des Gottesdienstes verbunden. Damit ist dem Zerstörungswillen im Zuge der Nutzenmaximierung doch noch ein Riegel vorgeschoben.

In der Frühen Neuzeit und Renaissance geht die Metapher vom Buch der Natur eine fruchtbare Verbindung mit der sogenannten Signaturenlehre ein, der Lehre von der generellen Zeichenhaftigkeit der Natur, die sich mit Namen wie Paracelsus oder dem auch Runge vertrauten Jakob Böhme verbindet. Alles steht mit allem in Beziehung, nichts ist ohne Bedeutung in dieser Lehre, die einen großen Einfluss auf die Allegorik und Emblematik hatte, etwa das »Emblematum Liber« (1531) des Andrea Alciato sowie die »Iconologia« (1593/1603) des Cesare Ripa, aus der wir unser Wissen über die Darstellung von »Sapienza« und »Verita«, Weisheit und Wahrheit, bezogen hatten.

Gernot Böhme wendet sich in seinem Plädoyer »Für eine ökologische Naturästhetik« speziell dieser Signaturenlehre bei Paracelsus und Jakob Böhme zu. Sein Befund versammelt drei Antworten auf die Frage, wie Natur im Rahmen der Signaturenlehre erscheine. Erstens, so Böhme, tritt uns hier keine Tatsachenwelt entgegen, sondern eine Welt voller Bedeutung. Zweitens werde Natur in diesem Rahmen als Ausdruck erfahren. Die Natur ist Offenbarung Gottes und jedes einzelne Naturstück drücke dem, der die Zeichen zu lesen versteht, sein Wesen aus. Und drittens werde die Natur in der Signaturenlehre als Sprachzusammenhang

---

19 Zitiert nach Göttert (2019), 144/145. Göttert gibt leider keine Quellen an.

verstanden. Damit deutet sich bereits an, in welcher Richtung sich die Suche nach einem neuen Verhältnis zur Natur bewegen kann: Es ist ein »kommunikativer Naturbegriff«, der das Potenzial einer anderen Naturbeziehung aufweist.[20]

Die überlieferte sinnhafte Ganzheit wird jedoch erst einmal durch naturwissenschaftliche Erkenntnisse ab- und aufgelöst. Mit dem Aufkommen der wissenschaftlichen Methode und dem Rationalismus des 17. Jahrhunderts werden die alten Lehren obsolet, es wird jetzt in einer anderen Sprache gesprochen, nämlich in der Sprache der Mathematik. Damit tut sich hinter den Erscheinungen der Dinge eine andere, abstrakte Welt auf, die nur wenigen zugänglich ist. Galileo Galilei (1564–1642) formuliert in seinem Werk »Il saggiatore« (»Der Prüfer mit der Goldwaage«, 1623) die mathematische Wende im Buch der Natur so:

Die Philosophie steht in diesem großen Buch geschrieben, dem Universum, das unserem Blick ständig offen liegt. Aber das Buch ist nicht zu verstehen, wenn man nicht zuvor die Sprache erlernt und sich mit den Buchstaben vertraut gemacht hat, in denen es geschrieben ist. Es ist in der Sprache der Mathematik geschrieben, und deren Buchstaben sind Kreise, Dreiecke und andere geometrische Figuren, ohne die es dem Menschen unmöglich ist, ein einziges Wort davon zu verstehen; ohne diese irrt man in einem dunklen Labyrinth herum.[21]

Karl-Heinz Göttert markiert diesen Sprachwandel als Wendepunkt, an dem die Entfremdung von der Natur deutlich wird. Ist diese Entfremdung zwangsläufig, wäre sie vermeidbar gewesen? Er kommentiert die physikalisch-mathematische Wende als entscheidenden Schritt hin zur »Herrschaft über die Natur«, die sich als quasi erwünschte Nebenwirkung der Methode am Ende durchsetzen wird:

Was dabei herauskommt, ist nicht das Wesen der Dinge, sondern der Mechanismus, nach dem sie sich verhalten. Nach gut 2000 Jahren wird das Unternehmen ›Wesen‹ abgeblasen. Es wird nur noch nach ›Fakten‹ gesucht, die nach der unphilosophischsten Weise, die sich vorstellen lässt, geordnet und gedeutet werden – nach der mathematischen. Das schützt vor Abgleiten in das, was immer die Sicht getrübt hat: in die Sinnsuche, Sinnbestätigung. Und nicht zu vergessen: Heraus kommt nicht nichts – sondern eine Welt der Ordnung. Nur eben keine Ordnung nach den Vorstellungen von menschlichem, auf den Menschen bezogenen Sinn, sondern nach den Gesetzen der Physik.[22]

Kunst wird fortan aus dem Bereich des Wissens und der Wahrheitsfindung ausgeschlossen. Goethes »Farbenlehre« oder sein Verständnis der »Metamorphose der Pflanze« können als prominente Beispiele gelten für eine Synthese aus Kunst und Wissen, deren Ergebnisse als »veraltet« zu den Akten der Geschichte gelegt

20  Vgl. Böhme (1989), 121 ff.
21  Zitiert nach Göttert (2019), 376/377.
22  Göttert (2019), 378.

wurden.[23] Die Romantiker suchten in poetischer Opposition zu dieser Ernüchterungsbewegung nach eigenen Wegen, Sinn und Wesen der Dinge in einem sinnhaften Ganzen aufzuzeigen.

Dabei spielt die Suche nach einer bewegenden Urkraft in der Natur, der wir schon im Kontext Philipp Otto Runges begegnet sind, eine besondere Rolle. Ein Phänomen, das diese Rolle eine Zeit lang mit Überzeugungskraft darstellen konnte, war die Elektrizität. Runge selbst hat die Metapher der Elektrizität im Zusammenhang mit der Liebe als persönlicher wie kosmischer Kraft in seinen Ausführungen zur Arbeit »Der Triumph des Amor« in eine hochpoetische Sprache gekleidet. Dabei changiert der Begriff zwischen Liebesmetaphorik und der Anmutung einer Kraft, die die Rätsel der Schöpfung lösen kann:

Liebe! Dich suchte ich, du warst der flammende Strahl, der meine ersten Stunden erhellte. Finde ich so dich wieder? Warst du es, die in der Nacht aus dem schönen, großen ruhigen Sterne mir Freud' und Liebe in die Seele goß? Löset sich so herrlich das Räthsel meines Lebens? An deinem Herzen, in deinen Augen, in deinen Armen finde ich mich? – – Welch ein elektrischer Schlag durchschaudert mich bey deiner Berührung? Es ist der erste leuchtende Blitz, der in die Nacht meiner Jugend fällt, ja mit ihm ist mir das Räthsel des menschlichen Lebens aufgeschlossen. Amor berühret die lieblichsten Saiten des menschliche Herzens, und im harmonischen Einklange tragen Alle im Herzen den Gott.[24]

Das ist noch keine Poetologie der Elektrizität. Eine solche hat aber Friedrich von Hardenberg (Novalis) entwickelt, der neben dem Jenaer Naturforscher Johann Wilhelm Ritter die Romantisierung der Elektrizität als weltverändernder Kraft am weitesten getrieben hat.

## 6.4 Romantische Elektrizität

Sie lag an seidnen Polstern auf einem Throne, der von einem großen Schwefelkristall künstlich erbaut war, und einige Mädchen rieben emsig ihre zarten Glieder, die wie aus Milch und Purpur zusammengeflossen schienen. Nach allen Seiten strömte unter den Händen der Mädchen das reizende Licht von ihr aus, was den Palast so wundersam erleuchtete. Ein duftender Wind wehte im Saale. Der Held schwieg. ›Lass mich deinen Schild berühren‹, sagte sie sanft. Er näherte sich dem Throne und betrat den köstlichen Teppich. Sie ergriff seine Hand, drückte sie mit Zärtlichkeit an ihren himmlischen Busen und rührte seinen Schild an. Seine Rüstung klang und eine durchdringende Kraft beseelte seinen Körper. Seine Augen blitzten, und das Herz schlug hörbar an den Panzer.[25]

---

23 Vgl. zu Goethes Naturforschung im Verhältnis zur quantifizierenden, technologisch orientierten modernen Naturwissenschaft Böhme (2016), 285 ff.
24 Runge, (1840) 220 f.
25 Novalis (1802/2020 a), 309.

Wir beginnen dieses Kapitel nicht mit einer Abbildung, sondern mit einem verbalen Bild. Man stelle sich vor: Eine Prinzessin, von der ein wundersames Licht ausströmt, überträgt mittels Berührung eine durchdringende Kraft quasi blitzartig auf den gepanzerten Helden.

Die Szene entstammt dem »Märchen«, das des Titelhelden väterlicher Freund Klingsohr in Novalis' Romanfragment »Heinrich von Ofterdingen« erzählt.[26] Klingsohrs Märchen, an zentraler Stelle wesentliche Ideen des Romans allegorisch reflektierend, vermittelt Einblicke in das Konzept der »Elektrologie«, mit dem Novalis seine Universalpoesie um das Element der Elektrizität bereicherte.

Die zauberbunte Handlung folgt in ihrer Struktur einem Dreischritt: Das Reich des Arctur, dessen schöne Tochter Freya – eine Allegorie des Friedens – ein wundersames Licht verströmt (siehe oben), liegt in Eis erstarrt und harrt der Erlösung. Die Welt der Menschen verfällt unterdessen dem bösen Wirken eines allzu aufgeklärten »Schreibers«. Die Erlösung schließlich durch die Vereinigung von Eros und Freya, Liebe und Frieden, führt einen Urzustand wieder herbei, in dem goldenes Zeitalter, Paradies und romantische Utopie der Alleinheit sich verbinden. Das Erlösungsmärchen – Freya versinkt in Schlaf und wird von Eros wachgeküsst – verschränkt sich mit einem Weltzeitaltermythos, der in eine große Versöhnung von Menschen und Natur einmündet. Ein Mythos scheint hier auf, der zyklisch zu verstehen ist: Ein eisernes Stäbchen, das als Magnet nach Norden zeigt, gestaltet sich in den Händen Ginnistans (Fantasie), der Milchschwester des Eros, zum Ouroborus, der Schlange, die sich in den Schwanz beißt.[27] Diesem Zeichen folgend, begibt sich das handelnde Personal gen Norden, um im Reich Arcturs, dessen Name auch den hellsten Stern des Nordhimmels im Frühling bezeichnet, das Erlösungswerk zu vollenden.

Die Erlösungen – ihre Abfolge führt zur kardinalen Schaltstelle des Weltzeitalterkreislaufs, nämlich der Erweckung Freyas – geschehen nun nicht, wie im Märchen üblich, durch ein Zauberwort oder einen Kuss allein. Sie sind vielmehr von Novalis als »electrologische« Ereignisse gestaltet, in denen Poesie und die Wissenschaft von der Elektrizität symbiotisch zusammenwirken.[28]

Bereits die Eingangsszene mit der leuchtenden Freya und dem eisernen Helden zitiert Wissen der Zeit zur elektrostatischen Aufladung: Sie liegt an Seidenpolstern auf einem Thron aus Schwefelkristall. Schwefel war ein bekannter Stoff zur Erzeugung elektrostatischer Ladung und Seide galt als ein gutes Material zur Isolierung. Die durch die Mädchen erzeugte Reibung ergibt Lichteffekte, die als Ergebnis elektrischer Ladung bereits im 18. Jahrhundert bekannt waren.[29] Der Held namens Eisen erweist sich als guter Leiter; er nimmt über seinen Schild

---

26  Novalis (1802/2020 a), Neuntes Kapitel, 307 ff.
27  Novalis (1802/2020 a), 312.
28  Wetzels (1973), 167–175, sowie Gamper (2009), 103 ff.
29  Gamper (2009), 147.

die elektrische Energie auf und erwacht zu neuer Kraft. Indem er sein Schwert kometengleich in die Welt wirft, setzt der alte Held Eisen den Zerstörungs- und Erlösungsprozess in Gang. In dessen Verlauf werden dreimal Erweckungen bewerkstelligt, die eine sogenannte galvanische Kette nach allen Regeln der zeitgenössischen Galvanisierungskunst beschreiben: die Erweckung des Atlas, des Vaters (von Eros und Fabel) und schließlich als Gipfel die Erlösung der Prinzessin Freya. Gold, Zink und eine Flüssigkeit spielen bei den ersten Erweckungen eine Rolle, bei Freya sind es Gold und Eisen in Verbindung mit einem Kuss des Eros. Die Werkzeuge, die Eros für die galvanische Versuchsanordnung benötigt, sind hier zunächst: das Schwert des Helden Eisen sowie eine goldene Kette, die um die Brust des Eros geschlungen ist und bis ins Meer reicht. Fabel und Eisen fassen die Kette an, das Schwert setzt Eros auf seine Brust (also in Kontakt mit der Kette) und richtet es mit der Spitze voran auf die elektrische Prinzessin Freya:

Plötzlich geschah ein gewaltiger Schlag. Ein heller Funken fuhr von der Prinzessin nach dem Schwerte; das Schwert und die Kette leuchteten, der Held hielt die kleine Fabel, die beinahe umgesunken wäre. Eros' Helmbusch wallte empor.

Die galvanische Kette ist damit aber noch nicht geschlossen; dies geschieht erst durch den Kuss des Eros:

›Wirf das Schwert weg‹, rief Fabel, ›und erwecke deine Geliebte‹. Eros ließ das Schwert fallen, flog auf die Prinzessin zu und küsste feurig ihre süßen Lippen.[30]

Damit ist der ewige Bund geschlossen, ein neues Herrscherpaar, das doch wieder das alte ist, tritt an und trägt als Herrschaftszeichen die Lilie. Die weltverändernde Kraft aus Elektrizität und Liebe bringt ein ewiges Fest des Frühlings mit zum Glück erwachenden Menschenpaaren, machtvoll gedeihenden Pflanzen und freundlich grüßenden Tieren. Die Einheit von Mensch und Natur als beseelte, sinnvolle Ganzheit ist wieder hergestellt, die Sprache der Natur wieder hörbar: »Alles schien beseelt. Alles sprach und sang.«[31]

Der Anteil von Science-Fiction in der poetischen Einkleidung ist, wie Walter D. Wetzels und Michael Gamper gezeigt haben, beträchtlich und in Übereinstimmung mit dem zeitgenössischen Wissensstand.[32] Novalis durfte auf ein breites Verständnis für seine electrologischen Anspielungen rechnen. Die faszinierende Wirkung der elektrostatischen Aufladung konnte nämlich schon im 18. Jahrhundert in öffentlichen Vorführungen besichtigt werden. Wie für die Wirkungen der Luftpumpe (siehe oben) hatte sich auch bezüglich der Elektrizität eine Art Wissenschaftstheater entwickelt, bei dem eindrucksvolle Versuchsanordnungen vorgeführt wurden. Es gab sogar Experimente mit einer elektrischen

---

30  Novalis (1802/2020 a), 333.
31  Novalis (1802/2020 a), 332.
32  Vgl. Wetzels (1973); Gamper (2009).

Menschenkette, die über die Entladung einer Leydener Flasche unter Strom gesetzt wurde. Die »Homo-electrificatus-Experimente« waren offenbar sehr verbreitet und konnten auch um 1800 noch Resonanz finden. Ein prominenter Vertreter dieser Praxis war Georg Matthias Bose (1710–1761), der als Erfinder der »Venus electrificata« gelten darf, der elektrifizierten Venus. Bose, der sogar ein Lehrgedicht über sein elektrifiziertes »Götter-Kind« geschrieben hat, setzte dabei mittels einer Elektrisiermaschine eine junge Frau, die auf einem Isolier-schemel stand, unter Strom. Bot diese einem Mann den Mund zum Kuss an, entlud sich ein elektrischer Funke von Lippenpaar zu Lippenpaar, der beide Körper durch einen leichten Stromschlag verband.[33] Bose war auch der Erfinder der sogenannten »Beatification« oder »Apotheosis electrica«, bei der ein leuchtender Glorienschein um das Haupt eines im Dunkeln isoliert aufgestellten elektri-sierten Menschen erschien, sofern es mit metallischen Spitzen umgeben war.[34] Diese Vergöttlichungserscheinung durch eine Lichtaureole kommt sowohl der leuchtenden Freya in Klingsohrs Märchen als auch den elektrischen Feen des folgenden Jahrhunderts schon recht nahe.

Eine Schlüsselrolle im Wissenstransfer spielte der Jenaer Forscher Johann Wilhelm Ritter (1776–1810). Ritter gehört zu den Begründern der Elektrochemie sowie der Bioelektrik, geriet aber aufgrund der Abkehr von der Naturphiloso-phie, die sich im Laufe des 19. Jahrhunderts durchgesetzt hatte, weitgehend in Vergessenheit. Er hatte die Ergebnisse seiner Forschungsarbeit in Zusammen-hang mit Schellings System der Naturphilosophie gebracht; beide waren auf der Suche nach universellen Grundprinzipien, die in organischen wie anorganischen Bereichen gelten sollten. Ritter war ein gesuchter Gesprächspartner, der mit Goethe, Herder, Friedrich von Hardenberg oder Alexander von Humboldt in Kontakt stand. Als aussichtsreicher Kandidat für eine Mittlerfunktion zwischen Anorganischem und Organischem galt der sogenannte Galvanismus.

Nachdem Ritters erste Buchpublikation »Beweis, daß ein beständiger Galva-nismus den Lebensprozeß im Tierreich begleite« (1798) erschienen war, hatte Hardenberg sich mit ihm in Verbindung gesetzt. Es entstand eine freundschaft-liche und wissenschaftliche Verbundenheit, die bis zu seinem Lebensende anhielt. Der gemeinsame Gegenstand ihrer wissenschaftlich-poetologischen Studien war die Debatte über Phänomene der Elektrizität, die sich um die Hauptakteure Luigi Galvani (1737–1798) und Alessandro Volta (1745–1827) entwickelt hatte. Galvani war mittels seiner berühmten Froschschenkelexperimente einer Form von Elek-trizität auf der Spur, die spezifisch in Lebewesen wirken sollte. Volta dagegen strebte eine rein physikalische Erklärung des Phänomens der Elektrizität an. Galvani hatte mit seinen Thesen vor allem im Kontext der Romantik Hoffnun-

---

33  Vgl. Gaderer (2009), 38 ff. Der Wikipedia-Eintrag zu Georg Matthias Bose zeigt ein auch sonst häufig abgebildetes Beispiel einer »Venus electrificata« um 1800.
34  Gehler (1787), Artikel »Beatification«, 288 f.

gen geweckt, durch Forschungen auf dem Gebiet des Galvanismus Antworten auf die Frage nach der Lebenskraft zu finden. Ritter positionierte sich nun in diesem Forschungsfeld mit einem eigenen Programm: Er möchte zeigen, dass mit der Dynamik der Elektrizität das grundlegende Naturgesetz gefunden wurde, welches das All und die gesamte Natur zu einer Einheit macht. Nach dem Modell des geschlossenen Stromkreislaufs, in der Terminologie der Zeit der geschlossenen galvanischen Kette, fügen sich die dynamischen Systeme der belebten und unbelebten Natur im Kleinen und Großen ineinander zum Ganzen der Natur.

Wo bleibt denn der Unterschied zwischen den Theilen des Thieres, der Pflanze, dem Metall und dem Steine? – Sind sie nicht sämmtlich Theile des *grossen All-Thiers, der Natur*? – – Ein allgemeines bisher noch nicht gekanntes *Naturgesetz* scheint uns entgegen zu leuchten![35]

Die galvanische Kette ist in Ritters Schrift auf der Basis zahlreicher Experimente ausführlich beschrieben. Wenn bei Novalis die Metalle Gold und Zink oder Gold und Eisen sowie eine Flüssigkeit als Instrumentarium der Erweckungen genannt sind, so basiert das auf Forschungsergebnissen Ritters: Er hatte nicht nur die Ergebnisse Galvanis und Voltas verarbeitet, sondern auch die Spannungsreihe elektrischer Leiter erkannt, die später als elektrochemische Spannungsreihe in die Wissenschaft eingegangen ist. Zink und Gold oder Eisen und Gold liegen an den äußeren Enden dieser Reihe und liefern somit das größte elektrische Potenzial. Sie werden von Ritter als besonders gute Leiter vorgestellt. Die elektrische Zelle, also in der Terminologie der Zeit die galvanische Kette, wird hergestellt aus zwei Metallen bzw. Leitern, die in Verbindung mit einer geeigneten Flüssigkeit den Plus- bzw. Minuspol bilden. Es zeigt sich, dass die Versuchsanordnungen bei Novalis diesen Vorgaben folgen.[36]

Der Galvanismus als die Kraft, die alles im Innersten zusammenhält, kann seine prominente Rolle in Klingsohrs Märchen also spielen, weil hier noch einmal die Hoffnung aufscheint, das Wesen der Welt zu enthüllen. Novalis »Elektrologie« erweitert das Feld um die Poesie und die Liebe als geistige Bewegungskräfte, die nun ebenfalls als naturgesetzanaloge Bewegungsmächte im Kosmos ihren Platz haben, indem sie auf das Verständnis der naturwissenschaftlich gewonnenen Kenntnisse zurückwirken.

Die Elektrizität als mit der Liebe verwandtes Weltprinzip wirkt als bindendes Element im Ganzen wie auch auf der persönlichen Ebene der Liebe; die einheitsstiftende Kraft durchdringt und verbindet die Welten der unbelebten und belebten Materie, der Pflanzen, Tiere und Menschen und diese unter sich. Im Projekt der romantischen Poetisierung der Welt war sie besonders willkommen, weil sie als immaterielle Kraft für die Brücke zwischen Wissenschaft und Künsten wie

---

35 Ritter (1798), 171.
36 Vgl. Wetzels (1973) und Gamper (2009).

geschaffen schien. Um die Weltbeseelungskraft entwickelte sich eine Symphonie des dichterischen Denkens, die auch Goethe noch teilen konnte.[37]

## 6.5 Gaia-Fantasien im Anthropozän

Dass die Dichter und die Wissenschaftler sich gemeinsam an einem Gespräch über die Natur beteiligen, dass Mensch und Natur miteinander verwoben sind und sich gegenseitig spiegeln, dass die Natur als Resonanzraum der Seele antwortet – all das sind romantische Ideen. Der Gedanke, dass die poetische Sprache auf ein sinnvolles Ganzes verweise, das die Wissenschaften im Detail untersuchen, und die Überzeugung, dass die Natur nicht nach dem Muster der Maschine zu erklären sei, kennzeichnen die Naturanschauung der Romantik. Eine Naturanschauung, die das tiefe Interesse für die großen Kreisläufe der Natur immer wieder in Bilder und Worte gefasst hat. Und der Gedanke, dass die Grenzen des Wissens sich in einer Sehnsucht nach dem Jenseits des Wissens ausdrücken können, das nie im Wissen aufgehen wird, ist bezeichnend für ein Weltbild, in dem die Achtung vor der Natur höher gewertet wurde als die Herrschaft über sie.

Die Romantik hat einen Weg beschritten, der, so schien es lange, durch die exakte Methodik der Naturwissenschaften als Sackgasse erwiesen wurde. Als Unter- oder Nebenströmung sind die romantischen Ideen einer Weltseele, die als unsichtbare Kraft auf die Individuen einwirkt, erhalten geblieben und haben sich um die Wende zum 20. Jahrhundert in den filigranen Netzwerken neuromantischer Kreise wieder bemerkbar gemacht. Lebensphilosophie, Neuromantik und Esoterik lassen Vorstellungen einer »sich elektrisch verströmenden Weltseele« wieder aufleben.[38] Mit dem Ende des 19. Jahrhunderts werden die »unsichtbaren elektrischen Ströme« zur »Metapher des Nervenlebens«.[39] In der Zeitkrankheit der Nervosität löst sich der Einheitstraum auf; er zersplittert in die zahllosen ichauflösenden Partikel der Wahrnehmung, mit denen das moderne Leben das leidende Nervenwesen Mensch überreizt. Als technische Erfindung entwickelt sich die Elektrizität mit ihrer industriellen Nutzung immer weiter in das Paradigma der technisch-industriellen Sphäre hinein.

Im Anthropozän-Diskurs rückt die Erde als Ganzes wieder in den Blick, die objektivierende Grenzziehung zwischen Mensch und Natur wird hinterfragt und damit auch die Trennung zwischen Kultur- und Naturwissenschaften, ebenso wie zwischen bildender Kunst, Literatur und Wissenschaft. Damit treten auch die Romantiker*innen wieder in einen Gedankenraum, in dem man Antworten erwarten darf auf Fragen, die die Krisen des 21. Jahrhunderts stellen. Dass

---

37  Vgl. Asendorf (1984/2002), 110, 112.
38  Ebd., 120.
39  Ebd., 126.

mit der Auseinandersetzung um die Benennung eines neuen Erdzeitalters auch die großen Fragen nach dem Mensch-Welt-Verhältnis und dem Selbstbild des »Anthropos« wieder gestellt werden können, hat sicher mit zur Anziehungskraft des Diskurses auf geisteswissenschaftliche Disziplinen beigetragen. Die interdisziplinäre Ausrichtung, die sich bereits in der Zusammensetzung der »Anthropocene Working Group« ausdrückt, hat auch normative Aspekte eingebracht.[40] Es geht nicht allein um die Frage, was ist, sondern im Anthropozän-Diskurs schwingt auch die Frage nach dem mit, was sein soll. Dieser normative Charakter des Konzepts impliziert eine transformative Zukunftsorientierung und macht die Einbeziehung geistes- und sozialwissenschaftlicher Disziplinen plausibel.

Im Rückblick auf die Visionen einer natürlichen und reinen Energie, einer erhabenen Naturkraft, eines kosmischen Lebensprinzips, die in den Bildern der Lichtträgerinnen Gestalt angenommen hatten, halten wir Ausschau nach einer anderen Vorstellung von Natur, die einer normativen und transformativen Ausrichtung entspricht. Das Zeitalter der Elektrizität, der postfossilen Energie, braucht ein Reframing der Mensch-Welt-Beziehungen, sollen nicht die alten Fallen wieder zuschnappen.

Wir haben im ersten Teil des Buches ein bipolares Verständnis von Fortschritt ausgefächert: »Fortschritt als Verheißung« und »Fortschritt als Katastrophe«, und wir haben gesehen, wie sich in den Glanz des Fortschrittsoptimismus über mehrere Schritte die katastrophische Seite des Fortschritts verdunkelnd hineinschiebt. Ein bis zur Entfremdung objektivierendes Verhältnis zur Natur und eine Dynamik der Grenzüberschreitung im Verbund mit der Nutzung fossiler Brennstoffe waren die Treiber, die zunächst unbekannte, dann unbeabsichtigte und schließlich ignorierte »Nebenwirkungen« ins Katastrophische haben kumulieren lassen. Der Vogel in der Luftpumpe visualisiert den Beginn einer Entwicklung, die zur empfindlichen Störung der Biodiversität führte und quasi den Vogel in die Falle setzte. Das »Plus ultra« Bacons enthebt Wissenschaft und Fortschritt aller Sorge um gedankliche, räumliche oder technische Grenzen und mündet in die »große Beschleunigung«, wobei die Nutzung fossiler Brennstoffe ebenso beschleunigt den Kohlenstoffkreislauf der Erde überlastet und den Klimawandel anheizt.

Im Zeitalter des Anthropozäns wird es kaum gelingen, ein naives Verhältnis zur Natur (wieder-)herzustellen, zumal die Fortschritte der Wissenschaften »Natur« aufgelöst haben in ebenso zahlreiche Objektbereiche wie Einzeldisziplinen sind, die sich mit ihnen beschäftigen. »Natur« ist heute ein Konzept, das in den Köpfen von Natur- und Umweltschützer*innen anders aussieht als in den Köpfen von Naturwissenschaftler*innen oder in den Köpfen von Künstler*innen. Wir können nicht feststellen, was »Natur« eigentlich ist und könnten das Konzept, ebenso wie Gott und Unsterblichkeit, in das Reich der Metaphysik verweisen.

---

40  Vgl. Wenninger, Will, Dickel, Maasen, Trischler (2019), 35 ff.

Die Rede von der »Natur« wird aber in lebensweltlichen Zusammenhängen gebraucht, um Menschen zu motivieren, ihr Verhalten zu überdenken und zu ändern. Sie werden dies nur tun, wenn Projektionsräume entworfen werden können, die mehr beinhalten als eine persönliche Nutzenkalkulation von Ökosystemdienstleitungen. Im Alltag wird der Sprung von einer theoriegeleiteten Reformulierung der »Natur« als Beziehungsnetzwerk hin zu einer wirksamen Verhaltensänderung ziemlich groß sein, eventuell zu groß. »Natur« als holistischer Begriff und Element neuer Narrative sollte diese Lücke schließen. Gerade die emotionale Färbung, die dem Wort eine gewisse Unschärfe verleiht, macht es auch wertvoll. Aus seinen historischen Verwendungen bringt das Wort »Natur« Stimmungsnuancen mit, auf deren transformative Potenziale nicht verzichtet werden sollte.

Die Naturphilosophie und die Poesie der Romantik hatten parallel zum Beginn der industriellen Revolution noch einmal versucht, in die Seelen der Menschen Bilder einer Natur zu projizieren, in der Schönheit und Liebe sich mit Wissen verbinden. Das Gespräch wird in der Metapher von der Sprache der Natur zum Medium, eine emotionale und sinnhafte Beziehung mit der Natur aufzubauen. Die Betonung des Blicks auf das Ganze gegenüber dem Versinken in Details ist wichtig, um zu verstehen, dass heute das Ganze gefährdet ist.

Die planetarische Perspektive hat in einem spannungsreichen Dialog mit Goethe und einer reichen literarischen Tradition vor allem Alexander von Humboldt (1769–1859) ins Zentrum seines Wirkens gestellt. Seine Auffassung von Natur als eines alles Lebendige einschließlich des Menschen umfassenden dynamischen und offenen Zusammenhangs von Wechselwirkungen hatte auch die Beziehungen von Wissenschaft und Dichtung mit umfasst.[41]

Sein großes Werk »Kosmos. Entwurf einer physischen Weltbeschreibung« (1845) ist diesem Blick auf das Ganze gewidmet:

Was mir den Hauptantrieb gewährte, war das Bestreben die Erscheinungen der körperlichen Dinge in ihrem allgemeinen Zusammenhange, die Natur als ein durch innere Kräfte bewegtes und belebtes Ganze aufzufassen.
Die Natur ist für die denkende Betrachtung Einheit in der Vielheit, Verbindung des Mannigfaltigen in Form und Mischung, Inbegriff der Naturdinge und Naturkräfte, als ein lebendiges Ganze.[42]

Die Relevanz der Arbeit Alexander von Humboldts für den Anthropozän-Diskurs erwächst nicht zuletzt aus dieser multidimensionalen, fachliche Spezialisierungen überspannenden Anschauung, die mit naturphilosophischen Überlegungen ebenso kompatibel ist wie mit empirischer Exaktheit.[43] Für die Verbindung

---

41  Detering (2020), 309.
42  Humboldt (1845), Bd. 1, Vorrede VI und 5.
43  Vgl. zu Humboldts Verhältnis zu Schellings Naturphilosophie und der Bedeutung dessen im Anthropozän-Diskurs Pinsdorf (2020).

einer auf ganzheitliche Anschauung ausgerichteten Naturbetrachtung mit deren analytisch und empirisch evidenter Beschreibung steht bei ihm die Metapher des Gemäldes. So beschreibt Humboldt sein die Anschauung integrierendes Ganzheitsstreben denn auch immer wieder als Arbeit an einem allgemeinen »Naturgemälde als Uebersicht der Erscheinungen im Kosmos«.[44]

Es geht ihm bei seinem Naturgemälde auch um die Bereicherung der Einbildungskraft, um die Imagination als motivierende Energie, die sein Lesepublikum in ihren Bann ziehen soll. Die Anreicherung des Verstehens durch Fantasie, Bewunderung und Freude ist bei Humboldt alles andere als schmückendes Beiwerk. Sie gilt einem Weltganzen, das sich gar nicht anders beschreiben lässt, weil es eben so ist. Die Art des Sprechens in Bildern ist ganz und gar auf den Gegenstand abgestimmt.

Es handelt sich also um einen passgenauen Bezug auf diese Gedankenwelt, wenn das Buch »Kampf um Gaia« (2017), die Auseinandersetzung des französischen Philosophen und Soziologen Bruno Latour mit Klimawandel, Anthropozän und der Gaia-Hypothese, auf dem Cover ein Landschaftsgemälde des romantischen Malers Caspar David Friedrichs trägt: »Das große Gehege« bei Dresden (um 1832), ein trotz der genauen Ortsbezeichnung universales Bild von magischer Wirkung.

Das Zitat der Romantik mit ihrer Idee der Ganzheitlichkeit im Bild der Landschaft kommt nicht von ungefähr. Latour ist ein Verteidiger der Gaia-Hypothese von James Lovelock und Lynn Margulis, die die Erde mit einem lebendigen, dynamischen Organismus vergleichen. Lovelock hatte im Auftrag der NASA die Bedingungen für Leben im Weltall untersucht und die Evolutionsbiologin Margulis war mit der These hervorgetreten, dass Symbiosen eine wesentliche Triebfeder der Evolution seien. Sie entwickelten in den 1970er-Jahren gemeinsam die Hypothese von Gaia, benannt nach der antiken griechischen Erdgöttin, wonach die Erde nicht einfach eine Steinkugel ist, auf der eine Schicht Leben sitzt. Als ein selbstorganisierender Gesamtzusammenhang, der über unendliche, dynamisch miteinander agierende und wechselwirkende Prozesse sich selbst formt, gleicht Gaia vielmehr einer lebendigen Einheit. Die beiden setzten damit den Startpunkt der Erdsystemwissenschaften.[45]

Bruno Latour hat, um alle diese Elemente zusammenzubringen, den Begriff des »Terrestrischen« entwickelt, und will von hier aus eine radikale Neuorientierung aller Denk- und Handlungsmuster starten. Wir werden darauf im Schlusskapitel im Zusammenhang mit den Ausdrucksmöglichkeiten der Kunst noch zurückkommen. Das Terrestrische bindet uns an die Erde und gibt uns zu verstehen, dass diese Erde keine leblosen Ressourcen bereitstellt, sondern auf menschliches Handeln reagiert. In Latours Denken verbindet sich der Be-

44 Ebd. XII.
45 Vgl. Grober (2013), 246 ff.

griff vor allem mit der Klimakrise. Das Terrestrische anerkennen bedeutet, das neue Klimaregime anerkennen. Denn die Große Transformation, so Latour, hat nicht wirklich stattgefunden, ja die ökologisch-sozialen Transformationen, die notwendig sind, um die Erdsystemgrenzen einschließlich der Klimaziele einzuhalten, haben noch gar nicht begonnen.[46]

Der Zeitstrahl des Fortschritts, der aus einer bekannten Vergangenheit linear in eine vorhersehbare und erwünschte Zukunft führt, ist nun kein adäquates Bild mehr für das, was uns erwartet, und für das, was noch an Handlungsoptionen bleibt.

46  Latour (2018), 68 f.

# Teil III
## Auf dem Weg in eine postfossile Welt

*Abb. 18*: Donut.

# 7. Kreislauf als Fortschritt

Ja, das ist ein Donut. Er steht hier für viele Möglichkeiten, eine Kreisform darzustellen. Eine weit anspruchsvollere Möglichkeit bietet das sehr alte Bild des Ouroborus, einer Schlange oder eines Drachen, der sich in den Schwanz beißt und damit in der Kulturgeschichte ein Symbol für Unendlichkeit geworden ist. Dieser Blick in den Brunnen der Geschichte zeigt schon, dass der Kreislauf ein universales Zeichen ist, das für natürliche Abläufe und daraus abgeleitete Kreisverläufe stehen kann. Wir sprechen vom Kreislauf der Natur, wenn vom Wechsel der Jahreszeiten die Rede ist oder allen Erscheinungen, die regelmäßig wiederkommen. Auch im Großen ist die Natur kreislaufartig organisiert. So etwa beim Kohlenstoffkreislauf, in dem natürlicherweise so viel $CO_2$ produziert wird, wie die Natur wieder aufnehmen kann, oder beim Stickstoffkreislauf, wo das ebenso ist. Jahrhundertelang war ein kreislaufförmiger Ablauf von Zeitaltern ein gängiges Vorstellungsbild. In der griechisch-römischen Antike entstanden so die Geschichten vom Goldenen Zeitalter, das nach einem gestaffelten Verfallsprozess wiederkehrt. Noch die Romantik konnte im Alten das Neue erkennen und im Neuen das Alte erhoffen.

Das Konzept vom Fortschrittspfeil, der diese Ringe immer nach vorne durchschneidet und so die Zeit neu organisiert, hat diese Vorstellungen abgelöst. Als lange Zeit unbekannte und unbeabsichtigte Nebenfolgen haben sich Probleme eingestellt, die ein Umdenken erfordern. Dabei liegt der Gedanke nahe, dass »Fortschritt« kein selbstläufiger Prozess ist. Diese »Binsenweisheit« ist gleichwohl nicht selbstverständlich, denn die Ausführungen im Teil I dieser Publikation haben gezeigt, dass im Fortschrittsdenken implizite Voraussetzungen und Überzeugungen mitlaufen, die lange nicht hinterfragt wurden und daher den Fortschrittprozess selbstläufig *erscheinen* ließen.

Es gibt keinen Fortschritt, sondern nur Fortschritte, deren Richtung aber nicht selbstverständlich vorgegeben, sondern immer wieder neu zu justieren und gesellschaftlich zu verhandeln ist. Jürgen Habermas spricht in seinem großen Spätwerk »Auch eine Geschichte der Philosophie« von soziokulturellen Lernprozessen, die durchaus dazu führen sollen und können, dass es besser wird. Man muss dazu nicht an ein Ziel der Geschichte glauben, aber auch keinen Relativismus ansetzen, der jede historische oder soziokulturelle Situation als gleichwertig oder gleich wertlos erscheinen lässt.

Dieser Gebrauch der Vernunft verwickelt die Subjekte, die mit der Welt zurechtkommen müssen, in Lernprozesse: Er führt sie zu Einsichten, die sich in verbesserten Techniken oder in erweiterten soziomoralischen Perspektiven niederschlagen und in Traditionen gespeichert werden, sodass sie Gesellschaft und Kultur verändern. Diese soziokulturellen Lernprozesse, in denen sich die Operationen der Vernunft verkörpern, vollziehen sich in einem Kreisprozess, der das Lernen der Subjekte mit der Fortbildung von Kultur und Gesellschaft im Kontext geschichtlicher Kontingenz rückkoppelt.[1]

Der kreisförmige Lernprozess, den Habermas hier ansetzt, impliziert, dass Rückgriffe auf geschichtliche Gegebenheiten immer wieder zu Einsichten führen können, die aktuelle Problemstellungen neu ausleuchten. Aus der Beobachtung gegenwärtiger Reformprozesse und Transformationspläne lassen sich Rückschlüsse ziehen, die die Bildbeispiele in diesem Band in den Kontext möglicher Problemlösungsstrategien und soziokultureller Lernprozesse stellen.

»Das Experiment mit dem Vogel in der Luftpumpe« steht in einem Kontext, der dazu führen sollte, die belebte Natur als lebendiges Gegenüber zu begreifen und mit Rechten zu versehen sowie gesellschaftliche Prozesse einzuleiten, die den Schutz der Biodiversität und einen fairen Umgang mit der Tierwelt in der Mitte der Gesellschaft implementieren. Das »Plus ultra« Francis Bacons lehrt, planetare Grenzen zu respektieren und einen anderen Begriff von Fortschritt zu entwickeln, der den Abschied von der permanenten Grenzüberschreitung einleitet, ohne deshalb auf Problemlösungsstrategien auch technischer Art als Antworten auf die aktuellen Problemlagen zu verzichten. Das »Zeitalter des Prometheus« schließlich impliziert die Forderung, komplett auf fossile Energieträger zu verzichten, deren Ersetzung aber nicht als rein technische Aufgabe verstanden werden kann. Mit dem »Engel der Geschichte« verbindet sich der Gedanke einer Aktivierung ethischer Potenziale gegenüber einer sich als neutral verstehenden, am Beispiel der Physik orientierten Experimentalwissenschaft; technische Entwicklungen müssen mit Nachhaltigkeit und Verantwortung verbunden werden. Der Donut als Idee verweist darauf, Fortschrittspotenziale von Kreisläufen zu aktivieren, allen voran das Konzept der Nachhaltigkeit zu verfolgen; die Unversehrtheit der natürlichen Kreisläufe zu respektieren und eine Kreislaufwirtschaft voranzubringen.

Im zweiten Teil der Publikation öffnet sich das Feld der Sinngebungen, die in der Kulturgeschichte der Elektrizität schlummern. Die lichtbringenden Frauenfiguren zeigen eine Fülle von Möglichkeiten, die die Kulturgeschichte bereitstellt. Hier schlummern Potenziale, die auf ihre Aktivierung warten. Die Nebenlinien der Geschichte könnten heute wieder in den Hauptstrom einmünden, ja sogar seine Richtung mitbestimmen.

Mit der Fee der Elektrizität verband sich die Hoffnung auf eine Demokratisierung der durch die Industrialisierung dominierten Wirtschaftswelt. Darin schlummert schon der Keim einer Hoffnung auf eine Transformation des Industriekapitalismus. In die Ikonologie der Fee sind Werte und Hoffnungen –

---

1 Habermas (2019), Band 2, 583.

Wahrheit, Weisheit, Freiheit – eingeflossen, die sie mit den großen politischen Projekten des 18. und 19. Jahrhunderts verknüpfen: Ein naturwissenschaftlicher, aber durch Weisheit geläuterter Wahrheitsbegriff verbindet die Figur mit der europäischen Aufklärung, in ihr spiegelt sich das Freiheitspathos der amerikanischen Unabhängigkeitsbewegung sowie der revolutionären und sozialen Bewegungen Europas. Mit der Naturgöttin im Bild Philipp Otto Runges erschließt sich eine Welt, in der aus der Einheit von Poesie und Wissenschaft ebenso wie aus der Einheit der Wissenschaften sich ein Bild zusammenfügt, in dem die Natur in einem lebendigen Zusammenhang mit den Menschen steht. Eine Natur, die Sinn ergibt und in der ein Lebensprinzip, das mit Liebe assoziiert ist, Einheit stiftet. Der Respekt vor den Kreisläufen der Natur führt von der Romantik zu den aktuellen Erkenntnissen der Erdsystemwissenschaften.

Dabei ist das Modell des Kreislaufs auch wörtlich zu nehmen. Die Abbildung 18 bezieht sich auf eine Publikation der britischen Ökonomin Kate Raworth, die mit ihrem Konzept der »Doughnut Economics« (2018) ein Wirtschaftsmodell etablieren möchte, das nicht die ökologischen Grundlagen des Planeten zerstört.[2] Mittlerweile ist die Forderung nach Wirtschaftsformen, die sich am Kreislaufmodell orientieren, breiter geworden und sogar Teil der politischen Strategie Europas. So bezieht sich das Programm der Europäischen Union zum »Green Deal« ausdrücklich auf Maßnahmen »zur Förderung einer effizienteren Ressourcennutzung durch den Übergang zu einer sauberen und kreislauforientierten Wirtschaft.«[3] Die »KfW Bankengruppe« unterstützt das Konzept der EU und hat zur Information über Ziele, Maßnahmen und Projekte ein Dossier »Kreislaufwirtschaft« aufgelegt, das nebenbei auch zeigt, wohin Gelder fließen sollen:

Noch klingt es wie Utopie: dass wir so wirtschaften, dass keine Abfälle entstehen und Ressourcen wieder und wieder verwendet werden. In Europa wird dieses Szenario nun realer, unter anderem dank der Initiative europäischer Förderbanken, die ihre Kräfte bündeln, um Beiträge von Unternehmen und Kommunen zur Kreislaufwirtschaft zu unterstützen. Aus einzelnen Beispielen soll eine Bewegung werden. Wir stellen die europäische Initiative Kreislaufwirtschaft vor und präsentieren Projekte, die das Prinzip der Circular Economy verfolgen.[4]

Im Auftrag des Umweltbundesamtes entstand eine Studie über »Ansätze zur Ressourcenschonung im Kontext von Postwachstumskonzepten«, die mit Bezug u. a. auf Rahworth ebenfalls eine Kreislaufwirtschaft an zentraler Stelle eines Konzepts verortet, das letztlich der Einhaltung planetarer Grenzen dient. Dabei stellen sich zwei tragende Säulen heraus:

2 Vgl. Rahworth (2018), Göpel (2020).
3 Europäische Kommission (2019).
4 KfW Bankengruppe (o. J.), Dossier Kreislaufwirtschaft.

Erstens eine (fast) vollständige Energieversorgung auf Basis von Erneuerbaren Energien sowie, zweitens, eine weitgehend geschlossene Kreislaufwirtschaft, wobei sich
der verbleibende zusätzliche Netto-Bedarf an Rohstoffen (Primärmaterialien) bzw.
die damit verbundenen Umweltauswirkungen innerhalb der planetaren Belastungsgrenzen bewegen müssen.[5]

Das »Karlsruher Institut für Technologie« KIT hat am »wbk Institut für Produk-
tionstechnik« 2020 einen Forschungsschwerpunkt »Nachhaltige Produktion«
aufgebaut, mit dem Unternehmen durch das Know-how zahlreicher Forschungs-
projekte dabei unterstützt werden, ihre linearen Produktionsprozesse in Kreis-
laufsysteme zu transformieren.[6]

Das letztlich mit der Kreislaufwirtschaft intendierte Ziel lässt sich am besten
anhand des in der Waldwirtschaft entstandenen Konzepts der Nachhaltigkeit
verdeutlichen. Das von Hans Carl von Carlowitz für die sächsischen Wälder
entwickelte Prinzip, nicht mehr Holz zu entnehmen als nachwächst, hat, so einfach es klingt, eine wissenschaftlich fundierte Waldbewirtschaftung nach sich
gezogen.[7] Das Prinzip der »Sustainability« hat im sogenannten Brundtland-Re-
port 1987 zu der berühmten Konzeption nachhaltiger Entwicklung geführt, die
schließlich in den 17 UNO-Zielen – Sustainable Development Goals, SDGs – als
Agenda 2030 verewigt wurde. Das Ziel, nicht mehr $CO_2$ bzw. Klimagase aus-
zustoßen als die Natur aufzunehmen vermag, 2015 in den Pariser Klimazielen
festgehalten, folgt dem gleichen Prinzip und klingt ebenfalls einfach, sodass
bereits sehr junge Menschen es ohne Probleme verstehen – »Fridays for Future«
als neue Jungendbewegung hat das Thema denn auch wirkungsvoll aufgegriffen.

Es geht darum, über $CO_2$-Preise klimaschädlichen Konsum aus dem Markt
zu verdrängen. Es geht darum, weniger Güter zu nutzen, dafür aber langlebi-
gere und qualitätvollere, auch hinsichtlich der Produktionsbedingungen. Diese
Qualitäten betreffen Menschen- und Tierrechte, Klima und Biodiversität, aber
auch die Möglichkeiten des Recyclings. Es gilt, so zu produzieren, dass in der
Lieferkette keine Menschen- oder Naturrechte verletzt werden. Kleidung als
Wegwerfware sollte der Vergangenheit angehören. Ziel ist ein Konsumverhalten,
das weltweit verallgemeinerbar und zukunftsfähig ist, eine lebensfreundliche
Naturbewirtschaftung – zu Land, zu Wasser und in der Luft. Und nicht zuletzt
muss die mächtige Welle der Digitalisierung nachhaltig gestaltet werden, damit
der Energieverbrauch aus erneuerbaren Energien gedeckt werden kann.

Mit einem neuen Fortschrittsbegriff am Zielhorizont sollte es gelingen, in
die anstehenden Transformationen zukunftsoffen hineinzugehen. Die Verände-
rungsprozesse, die durch die Corona-Pandemie in Gang gesetzt wurden, können
dabei aufschlussreich sein für die Große Transformation ins postfossile Zeitalter.

5  Vgl. Umweltbundesamt (Hrsg., 2020).
6  Karlsruher Institut für Technologie KIT (2020 b).
7  Vgl. Mauch (2013), 21 ff.

In dieser Phase wird der Strom, wird Elektrizität, die Hauptenergiequelle sein. Daraus ergibt sich aber nicht automatisch eine nachhaltige Welt, wie auch Fortschritte in technologischer Hinsicht nicht automatisch in eine bessere Zukunft führen. Auch die digitale Welt hat Transformationsprozesse vor sich, soll nicht eine weitere Welle der Technisierung ähnlich unerwünschte Nebenwirkungen auf Ökologie und Erdsysteme nach sich ziehen wie die vorhergegangenen. Und schließlich muss bei alldem auch ein neues Verhältnis zur Natur mitgedacht werden. Im Anthropozän ist die Einwirkung des Menschen auf den Planeten an einen Punkt gelangt, an dem ein faires Rechtsverhältnis gegenüber den Tieren und der Natur seiner Verantwortung entspricht.

*Abb. 19:* Interaktive chinesische Robottergöttin Jia Jia.

# 8. Elektronische Feen in der Welt des Stroms

## 8.1 Eine Robotergöttin

»New interactive ›robot goddess‹ unveiled in east China«, titelt »China daily« vom 15. April 2016. Die enthüllte Robotergöttin namens Jia Jia war von einem Team von Ingenieuren der »University of Science and Technology of China« (USTC) in der Stadt Hefei entwickelt worden. Es handelt sich um Chinas ersten menschenähnlichen interaktiven Roboter. Ähnliche Modelle wurden dann auf Handels- und Technologiemessen geschickt und erregten Aufsehen, da sie in der Lage sind, mit Menschen zu kommunizieren und dabei eine lebensechte Mimik an den Tag zu legen. Wie beim »Vogel in der Luftpumpe« wird die innovative Entwicklung einem staunenden Publikum vorgeführt, das deutliche emotionale Reaktionen zeigt. Vorherrschend ist allerdings die Nutzung der Smartphones. Die Zuschauergruppe versucht offenbar gar nicht, auf die angepriesene Fähigkeit Jia Jias zur Interaktion einzugehen, sondern ist darauf aus, das Phänomen auf das Smartphone zu bannen und zu teilen. Jia Jia lebt dann in den Weiten des Internets, wo sie bis heute präsent ist und kommentiert wird. Insofern ist das Foto oben charakteristisch für die Gegenwart.

Jia Jia trägt lange schwarze Haare und ein goldenes Abendkleid mit roter Schärpe, das einem traditionellen chinesischen Gewand ähnelt. Offenbar wurde Wert darauf gelegt, dass sie schön aussieht und so durch eine Aura des Besonderen und Festlichen vom normalen Messepersonal abgehoben ist. Diese aktuelle Figur in unserer Reihe elektrischer Feen und leuchtender Frauen fügt sich gut in deren Ikonologie, ist doch die entschleierte Göttin der Wahrheit in dieser Ahnengalerie prominent vertreten. Ihre elektronische Variante braucht weder ein Lebenselement noch spiritistische Animierungsunterstützung. Sie ist ganz und gar künstlich und steht dennoch oder gerade deshalb im Verdacht, menschlichen Wesen um einiges voraus zu sein. Mittlerweile wurde Jia Jia technisch überholt durch Androide, die noch mehr können, etwa das Modell »Sophia« des Hongkonger Unternehmens »Hanson Robotics«. Mit dem Namen Sophia = griech. Weisheit bemüht man sich auch hier um den Anschluss an altehrwürdige Traditionen. Sophia verfügt über künstliche Intelligenz und die Fähigkeit zur Gesichtserkennung, sie simuliert menschliche Gestik und dank des besonderen Materials der Hautoberfläche auch Mimik und kann einfache Gespräche führen. Die Firma bietet Sophia wie ein Model für Messen, Fernsehsendungen und Events an. Sophia stellt sich auf der Webseite selbst als personifizierten Zukunftstraum und Krone des Fortschritts in »science, engineering and artistry« vor:

I am Hanson Robotics' latest human-like robot, created by combining our innovations in science, engineering and artistry. Think of me as a personification of our dreams for the future of AI, as well as a framework for advanced AI and robotics research, and an agent for exploring human-robot experience in service and entertainment applications.

In some ways, I am human-crafted science fiction character depicting where AI and robotics are heading. In other ways, I am real science, springing from the serious engineering and science research and accomplishments of an inspired team of robotics & AI scientists and designers. In their grand ambitions, my creators aspire to achieve true AI sentience. Who knows? With my science evolving so quickly, even many of my wildest fictional dreams may become reality someday soon.[1]

»Hanson Robotics« bietet außer Sophia noch andere Charaktere an, die zum Teil realen Menschen nachgebildet sind, unter anderem Philip K. Dick, dem Schöpfer großartiger Androiden-Geschichten, und Albert Einstein. Die Gesichter sind nicht mehr auf konventionelle Vorstellungen von Schönheit ausgerichtet, sondern entsprechen denen normaler Menschen. Jeder Roboter repräsentiert bestimmte Fähigkeiten, Lernschritte und technologische Fortschritte. Eine künstliche Intelligenz, die exzellent mit Sprache umgehen kann und Kurzgeschichten schreibt, wurde unter der Bezeichnung GPT-3 (Generative Pretrained Transformer 3) von der Firma »OpenAI« entwickelt. Ziel des Unternehmens, zu dessen Geldgebern u. a. Elon Musk (»Tesla«), Peter Thiel (»PayPal«) und Reid Hoffman (»LinkedIn«) sowie »Microsoft« gehören, ist es, die ultimative KI zu entwickeln. GPT-3 kann nicht nur Kurzgeschichten schreiben, sondern auch Gedichte, Rap-Texte oder Gebrauchsanweisungen; sie übersetzt und fasst komplexe Texte zusammen, beantwortet Fragen, geht souverän mit Twitter und den sozialen Medien um und kann eigenständig einen Computercode schreiben – und vieles mehr. Sie arbeitet mit Deep Learning, mehrschichtigen neuronalen Netzen, und bezieht Textdaten aus dem Internet, einem unendlichen Reservoir an Wissen und Textsorten. Nachteile erwachsen eben daraus: Die KI neigt zu sexistischen und rassistischen Äußerungen, die sie im Internet sammelt, und es unterlaufen ihr immer noch lächerliche Irrtümer. Außerdem produziert das Deep Learning unsinnige Mengen von $CO_2$. Man ist eben auf dem Weg. Abgesehen von den kleinen Mängeln präsentiert sich das Modell als Beispiel exzellenter Ingenieurskunst, das die Summe des technologischen Könnens der Zeit repräsentiert.[2]

Künstliche Menschen, lebensechte Maschinen galten auch früher schon als Ausweis des jeweils aktuellen Stands der Technik. Sie sind in der Tradition der radikalen Aufklärung zunächst als Konstrukte nach den Gesetzen der Mechanik verstanden worden. Der berühmte »L'Homme machine« (1748) des französischen

---

1 Hanson Robotics, Sophia, unter: https://www.hansonrobotics.com/sophia/, letzter Zugriff: 8.1.2021.
2 Vgl. Douglas Heaven (2020) und Graf (2020).

Arztes und Philosophen Julien Offray de La Mettrie (1709–1751) stand hier Pate, eine Beschreibung des Menschen als Maschine nach dem Uhrwerkmodell, die umgekehrt eine belebte Maschine in den Bereich des Möglichen rückte. Die Automaten des Jaques de Vaucanson, zu denen eine körnerfressende Ente und ein Flötenspieler gehörten, oder der automatische Schachspieler des Wolfgang von Kempelen waren viel diskutierte Beispiele. Schrecklichkeit und Faszinationskraft dieser Automaten lagen nahe beieinander.[3] Ihre in Übereinstimmung mit wissenschaftlichen Erkenntnissen und durch technische Fertigkeiten der Zeit erzielte lebensechte Wirkung legte schon früh den Gedanken nahe, dass hier den Menschen eine Konkurrenz erwachse.[4] Der Dichter Jean Paul geht in seiner ironischen Auseinandersetzung mit Kempelens Schachspieler sehr direkt auf das Problem zu:

Schon von jeher brachte man Maschinen zu Markt, welche die Menschen außer Nahrung setzten, indem sie die Arbeiten derselben besser und schneller ausführten. Denn zum Unglück machen die Maschinen allezeit recht gute Arbeit und laufen dem Menschen weit vor.[5]

Es lässt sich leicht nachvollziehen, dass es von den elektrifizierten Menschen des 18. und 19. Jahrhunderts gedanklich nur noch ein kleiner Schritt ist zu den künstlichen Menschen. Konnte die Kraft der Elektrizität das Bindeglied darstellen zwischen belebter und unbelebter Natur, so mochte es wohl möglich sein, mittels des elektrischen Funkens letztere in erstere zu überführen. Mary Shelley hatte bezüglich der Erschaffung der Kreatur im Roman »Frankenstein« lediglich in ihren Tagebüchern von Gesprächen über galvanische Elektrizität berichtet, die möglicherweise den Lebensfunken spenden könne.[6] Im Roman selbst thematisiert der Erzähler Frankenstein – der neue Prometheus – zwar seine naturwissenschaftlichen Kenntnisse über Elektrizität und Galvanismus, die Erweckung der Kreatur selbst hüllt er jedoch in geheimnisvolles Dunkel.[7] Dass die Kreatur von ihrem Schöpfer mittels einer Apparatur aus Blitz und Strom zum Leben erweckt wird, ging vor allem über die späteren Verfilmungen in die Populärkultur ein.

Wie das Ganze eigentlich in einen lebensähnlichen und damit konkurrenzfähigen Zustand versetzt werden könne, war nicht recht klar. Hier konnte die nächste Phase der industriellen Entwicklung wahre Wunder wirken. Den –

---

3 Zu den Maschinenmenschen des 18. Jahrhunderts im Kontext materialistischer Theorien vgl. Gössl (1987), 15 ff.; Voskuhl (2015) betont den Aspekt, dass die Automaten auch die Kultur der Empfindsamkeit des 18. Jahrhunderts spiegeln konnten. Zum Automatendiskurs im 18. Jahrhundert vgl. Venus (2015).
4 Vgl. Völker (Hrsg., 1971), 471 ff.
5 Jean Paul, (1789/1971), 120.
6 Shelley (1818/1970), Nachwort, 322.
7 Shelley (1818/1971), 47 und 65.

künstlichen – Menschen als elektrisches System zu begreifen, war ein neuer Schritt, der nun wenigstens in der Fiktion nicht mehr fern lag.

Im Jahr 1886, also schon im Zeitalter der Feen der Elektrizität, veröffentlichte Auguste Villiers de L'Isle-Adam (1838–1889) seinen Roman »L'Eve future«. Hier tritt der amerikanische Erfinder Thomas Alva Edison in Person auf, um den melancholischen Lord Ewald mit einer Androidin zu versorgen. Edison wird gleich zu Beginn des Romans eingeführt als mysteriöses Künstler-Wissenschaftler-Genie der Elektrizität, dessen Wohnung umgeben ist von einem »reseau de fils electriques«, einem Netzwerk von elektrischen Drähten, und in dessen Atelier elektrische Apparaturen nicht fehlen. Er erscheint als »Herrscher im Königreich der Elektrizität«.[8] Die Eva der Zukunft verfertigt der Erfinder aus nicht rostendem Stahl und künstlichem Fleisch, bewegt durch Elektrizität, sowie mit Hilfe fotografischer Projektionen und eines »Phonographen«, der Sprache aufzeichnen und wiedergeben kann. Hadaly, die Menschen-Imitation, erscheint als perfektes Abbild der unzulänglichen Geliebten des Lords, erhält allerdings ihre Seele über spiritistische Manipulationen – die Elektrizität ist schon nicht mehr Lebenskraft, sondern Technik. Der reale Thomas Alva Edison präsentierte 1890 seine »Talking Doll«, eine mittels seines Phonografen sprechende Puppe, deren Stimme mit Hilfe modernster Technologie heute wieder hörbar gemacht werden konnte.[9]

## 8.2 Feen der Elektronik

Eine andere visuelle Spur führt mitten ins Reich der elektronischen Unterhaltungsindustrie. Die Columbia Lady erschien im Jahre 1924 im Logo der amerikanischen Filmproduktionsfirma Columbia Pictures, die heute zu Sony Pictures Entertainment des japanischen Konzerns Sony gehört. Ihr Design durchlief im Laufe der Jahre diverse Überarbeitungen, die Figur orientiert sich aber durchgängig am Typus der Lichtträgerinnen, die wir kennengelernt haben.[10]

Der Name Columbia steht für eine Personifikation Amerikas, die sich von Christoph Columbus herleitet. »Columbia« kam im Laufe des 18. Jahrhundert in Gebrauch, nachdem »Amerika« vor allem in Kontinente-Bildprogrammen der europäischen Malerei als Indianerin mit Federschmuck dargestellt worden war. Ihr Aussehen orientiert sich am griechisch-römischen Stil, sie ist in makelloses Weiß gekleidet oder in das Sternenbanner gehüllt. Ihre Attribute sind häufig die Jakobinermütze der französischen Revolution als Signet der Freiheit, das Schwert der Gerechtigkeit, der Olivenzweig des Friedens und der Lorbeerkranz des Sieges. Ab dem 19. Jahrhundert taucht sie in zahlreichen Karikaturen und

---

8 Villiers de L'Isle-Adam (1809), 1 f. und 82.
9 Vgl. Saße (2011).
10 Vgl. Reel Classics (2001).

*Abb. 20:* Die »Columbia Lady« der Columbia Filmstudios, heute Sony, im Vorspann der Filme des Studios aber immer noch im Einsatz.

Abbildungen auf. Auch die Freiheitsstatue kann als Teilaspekt der Columbia interpretiert werden. Sie begleitete den ersten Weltkrieg mit patriotischen Aufrufen, trat dann in ihrer Symbolkraft aber nach und nach zurück.[11]

Auch als Fortschrittsbotin im Sinne der Feen der Elektrizität konnte sie fungieren: Ein Gemälde des in Berlin geborenen amerikanischen Malers John Gast (1842–1896) zeigt eine in weiße antikisierende Gewänder gekleidete Figur unter dem Titel »American Progress«, wie sie gemeinsam mit den Pionieren des Fortschritts Telegrafendräte verlegt. Sie trägt einen Stern als Kopfschmuck und ein »School Book« im Arm. Der in naivem Stil gehaltenen Figur fehlt es ein wenig an der Eleganz der europäischen Feen. Im Hintergrund sind Eisenbahnen und Schiffe zu sehen. Mit ihr ziehen Siedler mit Planwagen und landwirtschaftlichem Gerät sowie eine Postkutsche nach Westen; eine Gruppe von Indianern flieht vor ihr mit Zeichen des Entsetzens in den Gesichtern und Gesten. Oben flieht eine Büffelherde aus dem Bild, ebenso fliehen vorne ein Hirsch und ein Bär vor einem Mann mit Gewehr. Der amerikanische Verleger George Crofutt hatte das Werk in Auftrag gegeben, das in der Folge eine bedeutende Rolle in

11  Vgl. Woman at the Center (2018).

*Abb. 21:* John Gast, American Progress (1872), Öl auf Leinwand, 29,2 cm × 40 cm, Autry Museum of the American West, Los Angeles.

der Propagierung der Westexpansion als schicksalhafter Mission Amerikas spielte. Es befindet sich im »Autry Museum of the American West« in Los Angeles.[12] Der heutigen Betrachter*in erscheint das Bild als Menetekel all dessen, was technischer Fortschritt an negativen Begleiterscheinungen mit sich bringen kann: Vertreibung indigener Völker, ideologische Überblendung wirtschaftlich und machtpolitisch motivierter Expansion, Vernichtung bzw. Bekämpfung von Arten, hier der Büffel, und wilder Tiere (Bär und Hirsch) und generell die Pose zivilisatorischer Überlegenheit gegenüber einer als wild begriffenen Natur und ihren Bewohner*innen.

Die Columbia Lady ist heute online in ihren verschiedenen Fassungen zu betrachten. Sie steht nun als fast schon nostalgische Reminiszenz an das Zeitalter des Kinos für einen global operierenden Technologiekonzern, der alle Sparten elektronischer Produkte bedient.

Der aus Südkorea stammende amerikanische Künstler Nam June Paik (1932–2006) hat sich zeit seines Lebens kreativ mit der Unterhaltungselektronik und speziell dem Fernsehen auseinandergesetzt. Von ihm stammt eine weitere

12  Vgl. The Autry's Collection Online (o. J.).

*Abb. 22:* Raoul Dufys Panoramagemälde »Fée électronique« mit Nam June Paiks Arbeit »Olympe de Gouges«.

Variante der »Fée électronique«.[13] Wir kehren mit ihm zurück zu dem großen Panoramagemälde Raoul Dufys in Paris. Im Jahr 1989 hat Nam June Paik im Auftrag der Stadt Paris zum 200sten Jahrestag der französischen Revolution vor dem zarten Traumgebilde Dufys fünf roboterartige Figuren aus Fernsehern aufgebaut. Sie tragen die Namen von Personen, die in die Geschichte der Aufklärung und der französischen Revolution gehören, unter ihnen Olympe de Gouges, die als revolutionäre Frauenrechtlerin eine Erklärung der Rechte der Bürgerinnen und Frauen verfasst hatte und dafür vom Revolutionstribunal hingerichtet wurde. Die Personen sind nicht im Gemälde Dufys, das über 100 Personen versammelt, vertreten. Der Künstler eröffnet damit eine neue und politische Ebene.

Jeder Roboter besteht aus figurartig zusammengebauten alten Holzfernsehern, in denen Farbmonitore Videos mit verfremdeten Bildern zeigen. Die Figuren wirken wie grobschlächtige Roboter. Attribute kennzeichnen die Personen: Laub für Jean-Jaques Rousseau und dessen Naturbezug, eine rot beschmierte Säge für den Jakobiner Maximilien Robespierre, mit spitzer Feder und Tintenfass der philosophische Schriftsteller Voltaire, Bücher für den Enzyklopädisten

13 Vgl. Mairie de Paris, Muséosphère, Musée d'Art Moderne (o.J.), Art Wiki, Nam June Paik (o.J.), Canope (2005); ein Video gibt einen Eindruck von der Installation wieder, unter: https://www.youtube.com/watch?v=B-y7MycT_xk, letzter Zugriff: 8.1.2021.

Denis Diderot, Blumen mit Tüll in Blau-Weiß-Rot, in der Art einer Kokarde angeordnet, für Olympe de Gouges, die Frauenrechtlerin der Revolution. In chinesischen Schriftzeichen sind ihr die Worte »französische Frau, Wahrheit, Gutheit, Schönheit, Freiheit, Leidenschaft« mitgegeben. Diese Arbeit ist heute im Musée d'Art Moderne Paris zu finden, das auch Dufys Panorama beherbergt.

Die Installation stellt der Apotheose der Elektrizität einen Reflexionsraum gegenüber, der Fragen stellt und offenlässt: Haben die in den Bildschirmen flimmernden Bilder einen Sinn? Zeigen sie eine Wirklichkeit, in der jeglicher Sinn verabschiedet wurde? Sind die ungetümen Figuren als Bedrohung zu sehen? Können die Aufklärer als Vorläufer einer technologischen Entwicklung gelten, in der Vernunft umgeschlagen ist in eine eigengesetzlich operierende Technologie? Oder vermitteln die Namen der Aufklärer eine Mahnung? Das Werk gibt einen Kommentar zur »Fée électronique«, der Dufys Bild als Verklärung einer technologischen Entwicklungslinie erscheinen lässt, welcher es an politischer Reflexion mangelt. Die Installation tut dies vor allem mit der Frauenfigur, die nach der frühen Feministin Olympe de Gouges benannt ist. Die Aufklärer und Revolutionäre können ebenso als Vorläufer und Begleiter der technologischen Entwicklung gelesen werden wie als Mahner an eine Aufklärung, die der Technikgläubigkeit Freiheit und Vernunft entgegensetzt. Olympe de Gouges ist jedoch durch die Wörter, die sie begleiten, eindeutig positiv codiert. Sie lädt damit zu Assoziationen ein, die wir bereits im Kontext der Fee der Elektrizität kennengelernt hatten: die »Wahrheit« und die »Freiheit« gehören zu ihrer Ahnengalerie. Als Frau und Aufklärerin bringt sie nicht nur eine feministische Note zum Klingen, sondern verstärkt auch die Appellfunktion der gesamten Gruppe in Richtung einer medienkritischen, an Vernunft, Aufklärung, Freiheit und Wahrheit orientierten Perspektive.

## 8.3 Aufklärung 2.0 und Green IT

Vernunft und Freiheit sind nicht die Werte, auf die man zuerst kommt, wenn man sich mit der Informations- und Kommunikationstechnologie der Gegenwart beschäftigt. In den sozialen Netzwerken regiert eine Koalition aus hochkomplexen Algorithmen und basalen Reiz-Reaktionsmustern. Likes generieren neue, andere Wirklichkeiten. Die Option »Gefällt mir« sortiert alles aus, was die Welt ungefällig macht: Covid-19-Viren oder menschengemachten Klimawandel zum Beispiel. Die Funktion »Teilen« sorgt für exponentielle Weiterverbreitung extremer Erregungsmuster, die gefallen, und die Kommentarfunktion lässt jedermann/jedefrau zu Autor*innen werden. So entstehen unter anderem Verschwörungstheorien, die an die finsteren Seiten des Mittelalters denken lassen. Algorithmen sorgen für immer mehr vom Gleichen, sodass sich Wirklichkeiten verdichten und immer weiter selbst verstärken. Diese verschiedenen Wirklichkeiten werden nicht mehr von allen geteilt, ja nicht einmal verstanden, und sind keinem gemeinsamen Wahrheitsbegriff verpflichtet. Es gibt dort keinen Unterschied mehr zwischen Wissen und Meinen. Ein Diskurs über gesichertes Wissen, dessen Methodik und dessen Grenzen findet kaum noch statt, ebenso wenig wie ein Austausch von begründbaren Argumenten. Offenbar ist ein Wissen über die Bedingungen für Gründe nicht mehr Gemeingut. Im Falle von Verschwörungstheorien geht es auch gar nicht mehr um Wissen oder Gründe, sondern um Formen des Glaubens, die Außenstehenden nicht mehr kommunizierbar sind. Das alles ist fatal, wenn es darum geht, gemeinsame gesellschaftliche Anstrengungen gegen etwa die Covid-19-Pandemie oder den Klimawandel auf den Weg zu bringen. Es liegt auf der Hand, dass dieser Strukturwandel auch die Krise des Politischen mit verursacht. Gegenüber dem digitalen Plattformkapitalismus scheinen jedenfalls auf nationaler gesellschaftlicher Ebene wesentliche Steuerungsmöglichkeiten schon verloren zu sein. In den sozialen Netzwerken und großen Plattformen demokratische Strukturen aufzubauen wäre eine der Aufgaben einer »Aufklärung 2.0«. Es muss dabei auch um die Rekonstruktion eines verallgemeinerbaren Verständnisses von Wahrheit gehen, das eine Kommunikation über die Großthemen der Zukunft überhaupt erst konstruktiv macht.

Die digitale Zukunft, die sich mit dem Begriff »Industrie 4.0« verbindet, weckt vor allem Befürchtungen vor Verlusten: Verlust von Arbeitsplätzen, Verlust von Selbstbestimmung, Verlust von Qualifikation gegenüber den neuen Anforderungen. Allerdings wird auch als Konsequenz der Corona-Krise sehr deutlich, dass die Digitalisierung in weit mehr Bereichen eingesetzt werden kann, als bis dato realistisch erschien. In dem Maße, wie Corona bzw. Covid 19 die gesellschaftlich wirksamen Einschätzungen der Realität verschieben, rücken auch neue Szenarien näher.

In einer angenommenen postfossilen Welt, die komplett auf fossile Brennstoffe und den weiteren Ausstoß von $CO_2$ verzichtet, würden digitale Technologien eine zentrale Rolle spielen. Generell wäre in dieser Welt Strom, also Elektrizität, die vorherrschende Energiequelle. Betrachten wir also unsere Göttin als Leitbild eines Narrativs, dass in die postfossile Welt der Elektrizität hineinführt. Im Kontext der Darstellung in diesem Buch bedeutet das allerdings, dass mit dem Prozess, der durch das Schlagwort von der digitalen Transformation nur unzureichend beschrieben wird, auch eine Transformation der Digitalisierung verbunden sein muss.

Im Bild bleibend, würde das bedeuten, dass die Robotergöttin anschlussfähig sein sollte für die Narrative, die sich um die Fee der Elektrizität rankten. Wie wir gesehen haben, lassen sich aus diesen Narrativen Argumente ableiten, die eine Einbettung von Technologien in wertorientierte soziokulturelle Lernprozesse im Sinne eines qualitativen Fortschrittbegriffs plausibel machen. Oder anders gesagt: Die Digitalisierung muss in einen Transformationsprozess eingebunden sein, in dem nachhaltige Entwicklung und eine Aufklärung 2.0 zusammenwirken. Dass Digitalisierung als technischer Fortschritt nicht »von selbst« zur Lösung der ökologischen Krise führen wird, etwa durch Prozesse der Dematerialisierung industrieller Wertschöpfungsketten oder gesteigerter Ressourceneffizienz, sei hier noch einmal betont. Die kritischen Punkte waren bereits im Teil I dieser Publikation angesprochen worden: gesteigerter Energieverbrauch, der in Zukunft aus nichtfossilen Quellen gedeckt werden muss, mangelnde Recyclingmöglichkeiten, kurzlebige Produkte, Müllberge, die Problematik der Gewinnung der Metalle für Akkus unter inakzeptablen Arbeits- und Umweltbedingungen, die Herrschaft der Plattformen als digitaler Kapitalismus.

Die Bedingungen für eine Aufklärungsbewegung in den sozialen Netzwerken sind allerdings nicht ermutigend. Facebook & Co. versuchen zögerlich, Fakes und Schlimmeres zu identifizieren und löschen auch das ein oder andere. Der Sinn der sozialen Medien liegt aber gerade nicht darin, dass die Betreiber die klassische Gatekeeper-Funktion der Verlage und Redaktionen übernehmen. Also muss Aufklärung in den Köpfen sattfinden. Das ist wohl noch ein weiter Weg, in dem auch Medienkompetenz und Demokratiekompetenz eine große Rolle spielen müssen.

Was das Bewusstsein für die ökologische Problematik der IT anbelangt, ist Bewegung zu verzeichnen. Unter dem Sammelbegriff »Green IT« fördert die Bundesregierung seit 2008 Initiativen und Projekte, die sich um Umweltverträglichkeit und Ressourceneffizienz bemühen. Umweltverträgliche Produkte und Dienstleistungen im Bereich der Informations- und Kommunikationstechnologien sowie deren Nutzung zur Umweltschonung stehen im Fokus. Auch Auswirkungen auf das Klima sowie der Umgang mit problematischen Rohstoffen werden thematisiert.[14] Allerdings hat der Ansatz, der sich speziell auf die Branche bezieht, mit verschiedenen Problemen zu kämpfen: Reboundeffekte zehren Effizienzgewinne auf, das Konzept ist anfällig für Greenwashing und generell wird die enorme wirtschaftliche Dynamik der Branche, die ja bekanntlich global operiert, gerade durch die nichtnachhaltigen Faktoren so enorm beflügelt. Die Freiwilligkeit in diesem Sektor wird vermutlich nur so weit reichen, wie »Green IT« als Marketingvorteil gelten kann. Mental, personell und institutionell scheinen außerdem die IT-Branche und die Ökologiebewegung wenig Berührungspunkte aufzuweisen, sodass beide Zukunftsentwicklungen derzeit eher wie parallele Geraden wirken, weniger wie Netzwerke. Hier wäre noch vieles möglich. Es fehlt aber auch an der Durchsetzung geprüfter Labels – den »Blauen Engel« für Green-IT-Software gibt es erst seit 2020 – und an klaren politischen Rahmenbedingungen, die die technologische Entwicklung in gesellschaftliche Zielsetzungen einbettet. Auch dies ein häufig verwendetes Schlagwort: Green IT

---

14 Vgl. Bundesministerium für Umwelt, Naturschutz und nukleare Sicherheit (o. J.), Green IT-Initiative des Bundes.

braucht politische Gestaltung, und zwar in globalem Maßstab. Die UNEP (United Nations Environment Programme) der UNO, die den Blauen Engel im Logo führt, arbeitet daran und hat seit ihrer Gründung 1972 zahlreiche multilaterale Umweltabkommen abgeschlossen. Aber auch diese Institution hat die IT-Branche noch nicht umfassend im Blick.

Als Zwischenfazit lässt sich festhalten: Die ökologischen Nachhaltigkeitspotenziale der Digitalisierung lassen sich in dem Maße realisieren, wie sie geeignet ist, nachhaltige Lebensstile und Produktionsbedingungen sowie umweltschützende Maßnahmen im Rahmen eines gesellschaftlichen Transformationsprozesses zu unterstützen. Die Autor*innen des »Jahrbuchs Ökologie«, das sich mit der »Ökologie der digitalen Gesellschaft« beschäftigt, zeigen neben zahlreichen Problemlagen auch Anknüpfungspunkte für eine solche Entwicklung.[15] Sie verorten die Technologie in einer der nachhaltigen Entwicklung dienenden Funktion, nicht umgekehrt. Das wäre allerdings neu. Denn im technologisch geprägten Fortschrittsverständnis ist der digitale Transformationsprozess quasi ein Selbstwert, der den gesellschaftlichen Fortschrittspfeil ausrichtet. Die Einbettung in ein sozio-kulturelles Programm, das die Grenzen des Planeten, Klimapolitik und eine Achtung vor der Vielfalt des Lebens auf dem Planeten integriert, also Werte setzt, impliziert auch die Orientierung an einem anderen, dem Gemeinwohl förderlichen Fortschrittsverständnis. Ein Rückgriff auf die Kernkonzepte der Moderne erscheint auch für eine Ökologie der digitalen Gesellschaft hilfreich, wie Autor*innen des Jahrbuchs ausführen. Auch die Prozesse der Digitalisierung sind in den Rahmen ethischer Verantwortung zu stellen:

Die Idee der sozialen Emanzipation, die am Beginn der europäischen Moderne stand, kann dafür eine neue und weitreichende Bedeutung bekommen.
Im Kant'schen Sinne ergibt sich im Anthropozän die Legitimität dieser Aufgabe aus der ethischen Verantwortung für den Erhalt der Erde, um menschliches Leben auf Dauer auf unserem Planeten möglich zu machen. Für die Selbstbehauptung der Menschen wird die Idee der Solidarität, die eng mit der modernen Menschheit verbunden ist, auf nichtmenschliches Leben und die Erde insgesamt ausgeweitet, was zur Bewahrung unverzichtbar ist.[16]

Ein umfassendes Konzept für die Einbindung der Digitalisierung in den Nachhaltigkeitsdiskurs mit ähnlicher globalpolitischer und ethischer Ausrichtung legte 2019 der WBGU vor. Die Autor*innen entwickeln dazu einen interessanten normativen Kompass, der über das engere Thema hinaus Gültigkeit beanspruchen darf. Es geht um die Balance und das Zusammenwirken dreier Dimensionen: die »Erhaltung der natürlichen Lebensgrundlagen« im Sinne der

---

15 Vgl. dazu Göpel, Leitschuh, Brunnengräber et al. (Hrsg., 2020).
16 Müller, Sommer, Ibisch (2020), 228.

planetarischen Leitplanken, »Eigenart« als Bezeichnung für die Anerkennung
von Vielfalt als Ressource und »Teilhabe«, womit universelle Mindeststandards
für politische und ökonomische Teilhabe gemeint sind. Im Mittelpunkt all dessen
steht die »Würde«, deren Schutz und Achtung explizit als zentrale Norm gilt.[17]
Das Gutachten versucht immer wieder, konstruktive und destruktive, utopische
und dystopische Entwicklungspfade sowie Potenziale und Risiken einander
gegenüberzustellen. So werden drei Dynamiken der Digitalisierung unterschie-
den, deren erste kurzfristig die Anbindung an die globalen Nachhaltigkeitsziele
(SDG, Agenda 2013) betrifft. Damit verbindet sich auch ein Anschluss an den
Anthropozän-Diskurs, auf dessen Nachhaltigkeitsherausforderungen zu antworten ist. Mittelfristig werde es um den Strukturwandel an den Arbeitsmärkten
und die Auseinandersetzung mit den Herausforderungen einer hochvernetzten
Weltgesellschaft gehen, die beide auf das Gemeinwohl hin auszurichten sind,
und langfristig werden die Möglichkeiten von Mensch-Maschine-Interaktio-
nen ins Auge gefasst, deren ethische Aspekte noch kaum erkannt sind. An
diesem Punkt kommt dem Begriff des Anthropozäns eine erweiterte Bedeutung
zu, denn

im digitalen Anthropozän schafft sich der Mensch Werkzeuge, mit denen er nun auch
sich selbst fundamental transformieren kann und zwar durch eine immer engere
Mensch-Maschine-Kooperation mit digitalisierter Technik und das immer engere
Zusammenspiel mit KI bis hin zu technologischen Dystopien von ›Human Enhance-
ment‹ als einer technologisch gestützten Optimierung des Menschen.[18]

Alle drei Dynamiken zeigen Risiken und Potenziale. Zu den Risiken gehören die
ökologischen und gesellschaftlichen Disruptionen, die ethischen Fragwürdig-
keiten und die politisch-ökonomischen Machtkonzentrationen, die hier schon
zur Sprache gekommen sind.

Die Potenziale sollen hier eigens hervorgehoben werden, weil sie einer zweiten
Aufklärung würdige Wertorientierungen mutig in den Horizont stellen. Es geht
um nichts weniger als um einen neuen Humanismus in einer vernetzten Weltgesellschaft und um die Entwicklung von Welt(umwelt)-bewusstsein im Sinne
einer Kooperationskultur, die von Empathie und globaler Solidarität getragen
ist. In diesem Zielhorizont gilt es, das Selbstbewusstsein des Homo sapiens zu
stärken, den biologischen Menschen in seiner natürlichen Umwelt zu bewah-
ren sowie eine ethisch reflektierte Weiterentwicklung des Menschen anzustre-
ben, in deren Rahmen auch die Mensch-Maschine-Kollaboration zu gestalten
sein wird.[19]

17  Vgl. WBGU (2019), 3.
18  Ebd., 10.
19  Vgl. ebd., 308.

Die Autor*innen entwickeln damit eine ethische Metaebene, die für die unterschiedlichen, aus der Krisenlage der Erdsysteme gespeisten Transformationsprozesse generelle Orientierung geben kann. Daher fordert das Gutachten eine interdisziplinäre »Forschung zur Zukunft des Menschen und Erhalt der Menschenwürde«. Die Frage nach der conditio humana werde, so die Perspektive, die hier eröffnet wird, auf brisante Weise neu zu stellen sein.[20]

20  Ebd., 426.

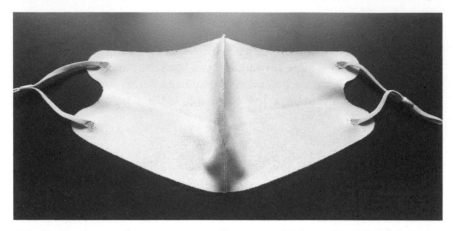

*Abb. 23:* Mundnasenschutz, sogenannte »Community-Maske« oder »Alltagsmaske«, in Corona-Zeiten.

# 9. Transformationen

## 9.1 Überlegungen zur Corona-Pandemie

Die Diskussion um die Folgen der Corona-Pandemie ist im Fluss. Ob wir der Weiterentwicklung von Aufklärung und Humanismus einen Schritt näher gekommen sind oder eher zurückgeworfen werden auf Problemlagen, die durch die Pandemie noch verschärft wurden, ist kaum absehbar.

Bemerkenswert ist der Umstand, dass es gelang, für einen überschaubaren Zeitraum zu Beginn der Pandemie auf breiter gesellschaftlicher Basis eine kooperative Haltung und verantwortliches Handeln umzusetzen. Eine auf ein systemisches und damit abstraktes Risiko bezogene ethische Grundorientierung der Menschen war zu erkennen, die sich oft auch mit persönlicher Hilfsbereitschaft und Solidarität mit den Risikogruppen verband. Für ein Momentum in der Geschichte wurde erfahrbar, dass weniger Risiko und damit mehr Freiheit für alle erreichbar sind, wenn möglichst viele Menschen ihr Verhalten gemäß einem Set von Regeln ändern.

Aus Sicht von Personen, die ein besonderes Risiko für eine schwere Erkrankung tragen, wird jedoch manches anders ausgesehen haben als aus der Sicht junger Menschen, deren Risiko, schwer zu erkranken, deutlich geringer ist. Sicher ist es schwierig, in einer modernen Gesellschaft, in der Differenzierung und Pluralisierung den Ausgleich partikularer Interessen verlangen, Grenzen aufzuzeigen, hinter denen das Unverhandelbare beginnen soll. Zugleich hat aber gerade die Pandemie viele Grenzen in ein helleres Licht gesetzt: Grenzen des Wissens und der Gewissheit, Grenzen des persönlichen Lebens, Grenzen der Steuerbarkeit.[1]

Das alles sind Elemente in einem Puzzle von Haltungen, Maßnahmen und Einsichten, die auch zur Bewältigung der ökologischen Krisen der Erde wertvoll werden können.

Im Verlauf des Jahres 2020 sind starke Gegenkräfte auf den Plan getreten und in mancher Hinsicht sind die Risslinien zwischen dem Wünschenswerten und dem Wahrscheinlichen größer geworden. Dabei wirkt die Pandemie wie ein Brennspiegel, der auf Problemfelder fokussiert, die zum Teil auch zuvor schon bestanden, nun aber einer breiten Öffentlichkeit sichtbar werden, oder die sich im Zuge der Krise noch zuspitzten. Dazu gehören die Spaltung zwischen Arm

---

1  Vgl. ein erstes Resümee der Pandemie aus wissenschaftlicher Sicht bei Kortmann, Schulze (Hrsg., 2020).

und Reich oder die Ungleichstellung von Frauen, die auf häusliche Tätigkeiten zurückgeworfen wurden oder in nun systemrelevanten, aber unterbezahlten Pflegeberufen tätig sind. Dazu gehört auch der Blick auf die Entstehungsbedingungen von Zoonosen durch einen weltweiten Wildtierhandel und das Eindringen der Menschen in die letzten Wildnisse dieser Erde oder die durch eine intensive Industrialisierung getriebene Entwicklung der Fleischproduktionsketten.

Dass coronabezogene Verschwörungstheorien, fremdenfeindliche und antisemitische Tendenzen sich zu Protestbewegungen verdichteten, die rechtsextremen Bewegungen zu öffentlicher Präsenz verhelfen, gehört zu den verstörenden Erscheinungen dieser Krise. Die Folgen dieser Entwicklung sind kaum absehbar, zumal die Verweigerung jeglicher Klimapolitik im Verbund mit »Science denial« ebenfalls zum Spektrum rechter Bewegungen gehört.

Vor diesem vielfarbigen Hintergrund wird der Wissenschaftskommunikation eine verantwortungsvolle Rolle zukommen. Denn wie in der Corona-Thematik sind auch in Fragen des Klimawandels und der Biodiversität Prozesse, Methoden und Ergebnisse der Wissensgenerierung den politischen Entscheidungsträger*innen und einer breiten Öffentlichkeit so zu vermitteln, dass ein von begründeten Argumenten getragener Meinungsaustausch überhaupt möglich wird. Dass dabei nicht allein auf Empathie und Kooperation zu setzen sein wird, sondern auch ein rational auszuhandelnder Interessenausgleich innerhalb der Gruppierungen in der Gesellschaft, zwischen den Generationen und auf globaler Ebene stattfinden muss, ist Teil einer nachhaltigen Gerechtigkeitskonzeption.[2]

Anschaulich zu beobachten war in der Corona-Krise auch, dass mit nachlassender Kohärenz in der Gesellschaft sich die Gewichte hin zu einer biotechnologischen Lösung verschoben: Das vermehrte ärztliche Wissen um eine intensivmedizinische Behandlung und vor allem die Impfstoffe wurden nun die entscheidenden Faktoren. Auch dies erinnert an die Erwartungen, die sich auf technologische Lösungen der Klimakrise richten und eigentlich immer noch alten Mustern entsprechen, wenn sich damit nicht umfassende Transformationsprozesse verbinden.

Denkmustern zu widersprechen bzw. ihre Konturen aufzulösen und ins Fließen zu bringen ist ein Anliegen dieses Buches. Die Zuversicht, dass »wir zu moralischem Fortschritt fähig sind«, mag zu der Hoffnung motivieren, dass für die großen Krisen der Erde zumindest Gedankenwege gebahnt werden können, die uns in die Lage versetzen, »unsere Welt neu [zu] denken«.[3]

---

2  Vgl. Göpel (2020).
3  Vgl. Gabriel (2020 b), 139, Göpel (2020), deren Titelformulierung »Unsere Welt neu denken« hier Pate stand.

## 9.2 Corona-Transformation. Ein sozialer Vertrag

Der Umgang mit der Corona-Pandemie stellt ein Weltlabor des Experimentierens im Realmaßstab mit einer globalen Gesundheits- und Wirtschaftskrise dar. Zur Bewältigung der Pandemie haben die Staaten mit jeweils unterschiedlichen Akzenten auf ein Zusammenspiel von radikalen Verhaltensänderungen, politischer Regulierung und (bio-)technologischen Innovationen gesetzt. Auf vielen Ebenen fanden Kooperationen in globalem Maßstab statt, allen voran in der Forschung, aber auch unter den Notenbanken entwickelten sich transnationale Unterstützungsaktionen, ebenso wie auf EU-Ebene. Auf der anderen Seite haben auch Nationalismen und Abwehrreaktionen gegen das Fremde schlechthin in vieler Hinsicht um sich gegriffen.

Ziel aller Maßnahmen war, den Verlauf der Pandemie so weit abzuschwächen, dass die Kapazitäten der Intensivstationen nicht überschritten werden, und so lange zu strecken, bis Medikamente und eine Impfung zur Verfügung stehen. Damit verband sich das Ziel, die sogenannte Triage zu vermeiden, eine Situation, in der Ärzt*innen darüber entscheiden müssen, welche Patient*innen medizinische Hilfe bekommen und welche nicht.

Die notwendigen Verhaltensänderungen haben eine starke sozial-ethische Komponente: Es geht nicht darum, auf eigenes Risiko der Infektion zu trotzen, sondern es sollen Infektionsketten gestoppt werden, die irgendwo auch zum Tode anderer Menschen führen können. Verantwortung für die anderen ist gefordert, vor allem diejenigen, die ein besonderes Risiko tragen: Menschen mit Vorerkrankungen, Ältere, immungeschwächte Personen. Die Verhaltensänderungen betreffen die goldenen Kälber des Konsumzeitalters: Mobilität, soziale Kontakte, Convenience, Feiern, Shoppen. Stattdessen ist Einschränkung gefordert bis hin zum Verzicht und Verantwortung für andere. Bürgerbeteiligung ist in hohem Maße erforderlich; das »Contact tracing« über die Gesundheitsämter, unterstützt durch eine Smartphone-App, wird zum zentralen Baustein.

Im Zentrum steht das systemische Risiko in Gestalt einer rasanten Ausbreitung der Krankheit, während das individuelle Risiko fallweise durchaus gering sein kann. Das erfordert ein Set von Verhaltensweisen, das von der in der Konsumgesellschaft eingeübten Wahrnehmung allein persönlicher und bedürfnisgeleiteter Interessen deutlich abweicht: Altruismus, Kooperation und systemisches Denken werden gleichermaßen Ausweis von Solidarität.

All das basiert auf Erkenntnissen von Wissenschaftler*innen, etwa bei der WHO, beim Robert Koch-Institut oder der Berliner Charité, die fortlaufend und zeitnah über viele Kanäle informieren. Dabei ändert sich die Daten- und Erkenntnislage ständig. Einen hohen Stellenwert haben nun epidemiologische Modellierungen, bei denen mit Hilfe von Algorithmen errechnet wird, wie sich etwa Infektionszahlen und -geschwindigkeit zu Kapazitäten der Gesundheitsämter, Intensivbetten, Beatmungsplätzen usw. verhalten. Derartige Modelle sind auch in der Klimawissenschaft üblich und generell der Öffentlichkeit schwer zu vermitteln, da sie mit Wahrscheinlichkeiten arbeiten und Szenarien entwickeln. Politische Entscheidungen orientieren sich fallweise daran, sind aber immer mit einem hohen Maß an Unsicherheit behaftet. Die Informationspolitik der verantwortlichen Institutionen über alle Medien hinweg stellt den groß angelegten Versuch dar, noch einmal eine umfassend informierte und vernünftig kooperierende Öffentlichkeit herzustellen. Daraus sollte sich im besten Fall ein kollektiver Lernprozess im kontrollierten Umgang mit Ungewissheiten ergeben.

Das Ganze entwickelt sich zum Großexperiment in globalem Maßstab in Sachen Solidarität, Compliance und politischer Steuerung auf der einen Seite, wissenschaftlicher Expertise und biochemischer Innovationskraft auf der anderen.

Auch zentrifugale Kräfte machen sich bemerkbar. Die in einer modernen Gesellschaft selbstverständlichen sozialen, kulturellen und politischen Interessengruppen machen der Virologie und Epidemiologie ihre Diskurshoheit streitig und beanspruchen ihre Rechte auf Mitgestaltung der Maßnahmen. Dabei verschwimmen in der öffentlichen Diskussion mitunter die Konturen der argumentativen Linien, wenn auch Vertreter*innen anderer Fachdisziplinen eigene Pandemiekonzepte vorschlagen. Die vielstimmigen Öffnungsdiskussionen veranlassen gesellschaftliche Gruppierungen zu der Forderung nach Ausnahmen oder Besserstellung beim nächsten »Lockdown«. Länderzuständigkeiten führen zu unterschiedlichen Maßnahmenkatalogen, die wohl auch den Eindruck von Willkür oder auch Unsicherheit erwecken. Die wirtschaftlichen Folgen der Krise führen zu einem enormen Einsatz öffentlicher finanzieller Mittel, die jedoch die Einbrüche nicht vollständig ausgleichen können. So wird die Pandemie zu einem Katalysator, der Ungleichheiten auf vielen Ebenen sichtbar macht und noch verstärkt.[4]

Im Verlauf der öffentlichen Diskussionen wird auch deutlich, dass die anvisierten Formen gesellschaftlicher Kohärenz nicht identisch sein können mit den ozeanischen Gefühlen einer Gemeinschaft, wie sie etwa bei Fußballweltmeisterschaften oder anderen massenpsychologisch erklärbaren Phänomenen auftreten. Es geht vielmehr um normative Geltungsansprüche, deren Vernünftigkeit nachvollziehbar zu begründen ist.[5]

Wir verfolgen hier daher eine Linie im vielfältigen Geschehen, die zeigen soll, welche aufgeklärten kooperativen Praktiken sich als vorteilhaft zur Bewältigung der Krise erweisen und welche Konsequenzen sich daraus für die Bewältigung der ökologischen Krisen ableiten lassen. Dies lässt sich beispielhaft am Thema der Community- oder Alltagsmasken zeigen, die, selbst genäht oder in vielfäl-

---

4  Vgl. einen vorläufigen Überblick über wissenschaftliche Reaktionen auf die Corona-Krise und die Zeit danach bei Kortmann, Schulze (Hrsg., 2020).
5  Zur Objektivität normativer Geltungsansprüche vgl. Eckardt (2018) und Gabriel (2020 a).

tiger Form und Beschaffenheit gekauft, keinen medizinischen Sicherheitsstandards genügen müssen.

Das Alltagsbild in Corona-Zeiten war lange optisch durch diese Masken geprägt, die zum Schutz gegen Ansteckung vielerorts getragen werden (mussten).[6] Für Europa hatte man sich das lange nicht vorstellen können, war doch das Tragen eines Mundnasenschutzes bis dato eher für Asien bekannt und hierzulande vielleicht auch belächelt worden. Das Maskentragen ist in der Corona-Pandemie weltweit zum Politikum geworden, seit Staatslenker wie Trump in den USA oder Bolsonaro in Brasilien ihre Maskenverachtung kundtaten und in Deutschland Demonstrant*innen gegen das Maskentragen auf die Straße gingen. Die Maske hat eine hohe symbolische Bedeutung erlangt, die gegenüber ihrem praktischen Wert einen deutlichen Überschuss produziert.

Daher soll eine Besonderheit der Alltagsmaske näher beleuchtet werden, die ab April 2020 die Informationsstrategie des Robert Koch-Instituts zum Covid-19-Virus und das Regierungshandeln prägte: Sie schützt ihre Träger*innen offenbar weniger vor der Ansteckung durch das Virus, jedenfalls ist dieser Eigenschutz nicht sicher wissenschaftlich erwiesen, sondern fängt potenziell virentragende Tröpfchen der Träger*innen ab, um das jeweilige Gegenüber zu schützen.[7] Hinzu kommt erschwerend, dass keineswegs nur Menschen, die Symptome zeigen, wie etwa Husten, das Virus übertragen. In diesem Fall wäre das Tragen einer Maske – wenn man nicht gleich zu Hause bleibt – auf eine definierte Gruppe von Menschen beschränkt und auch gut begreifbar. Da die Übertragung aber auch durch gänzlich oder noch symptomfreie Personen geschieht, ist das Tragen der Maske für alle erforderlich, um die Verbreitung des Virus im Ergebnis zu verlangsamen. Das führt dazu, dass auch Menschen zu Rücksichtnahme veranlasst sind, die selbst niemals in Berührung mit dem Virus zu kommen glauben.

Diese Konstellation veranlasste die Entscheidungsträger dazu, das Tragen eines Mundnasenschutzes als überwiegend dem Fremdschutz dienlich zu kommunizieren. Die Alltagsmaske bietet damit das Miniaturmodell eines sozialen Vertrages auf Gegenseitigkeit: Schütze ich Dich, schützt Du mich. Darüber hinaus ist dieser soziale Vertrag mit einer Vorsorge-Komponente versehen, die Compliance impliziert, auch wenn die einzelne Person sich selbst für gesund hält.[8] Der generelle und soziale Vertragscharakter wird auch darin deutlich,

---

6 Die auch dem Eigenschutz dienenden medizinischen Masken waren zunächst nicht verfügbar und kamen erst ab Januar 2021 zum breiten Einsatz.

7 Vgl. Bundeszentale für gesundheitliche Aufklärung (2020) und Robert Koch-Institut (2020).

8 Zum Maskentragen als sozialem Vertrag vgl. Betsch, Korn, Sprengholz et al. (2020); zur Übertragbarkeit von Erkenntnissen aus der Corona-Krise auf eine sozial-ökologische Transformation vgl. Ötsch, Lehweß-Litzmann (2020).

dass Personen, die das Erkrankungsrisiko für sich selbst nicht scheuen würden, ebenfalls zum Maskentragen angehalten sind, um das systemische Pandemie-risiko abzuschwächen. In diesem Kontext reicht die Freiheit der Einzelnen so weit, dass die Freiheit der Anderen nicht beeinträchtigt wird. Dafür kann es gelingen, durch Kooperation größere Freiheitsrechte für alle zu erwirken. Eine exemplarische Situation für den kategorischen Imperativ Kants: »Handle nur nach derjenigen Maxime, durch die du zugleich wollen kannst, dass sie ein all-gemeines Gesetz werde.« Der Philosoph Markus Gabriel hat dies denn auch als »virologischen Imperativ« bezeichnet.[9]

Wird das verstanden und akzeptiert, können alle sich gegenseitig schützen und damit erweiterte Freiheitsräume für alle gewinnen. Das soziale System, das sich hier aufbaut, ist allerdings fragil: Gibt es zu viele Trittbrettfahrer*innen, die vom Schutz durch die anderen profitieren, aber selbst keinen Beitrag leisten, kollabiert es; ebenso, wenn das Vertrauen in den Sinn der Maßnahme erodiert, sodass sich Maskenträger*innen sozial isoliert und beschämt fühlen.

Diese soziale Verfasstheit führte möglicherweise dazu, dass das Tragen von Masken in derartigem Ausmaß zum Politikum werden konnte: Das soziale Prin-zip, das hier zur Geltung kommt, ist mit dem (neo-)liberalen Wirtschaftsprinzip des handlungsleitenden Eigeninteresses nicht kompatibel, ebenso wenig wie mit einem beziehungslosen, isolierten Freiheitsverständnis. Es gibt sicher noch viele andere Gründe, diesen sozialen Vertrag nicht zu akzeptieren – die politische Aufladung aber findet hier eine Erklärung.

Es ist bezeichnend, dass der Schillerpreisträger des Jahres 2020, der Berliner Virologe Christian Drosten, das durch die Aufklärung geläuterte Freiheits-verständnis Friedrich Schillers (1759–1805) heranzieht, um einmal mehr zu erklären, was man analog zum »Vorsorgeparadox« auch als »Freiheitsparadox« bezeichnen könnte:

> Bei der Antwort auf diese Fragen scheint mir Schiller besondere Aktualität zu haben. Für ihn war klar, dass persönliche Freiheit nicht losgelöst von der Gesellschaft gelingen kann. Schiller war bereit, auch seinen Mitmenschen Freiheit zuzugestehen. Damit die Freiheit aller geschaffen und erhalten werden kann, ist es wiederum notwendig, dass die Menschen füreinander einstehen und Verantwortung füreinander übernehmen.[10]

Ein aufklärerisch geprägtes Freiheitsverständnis setzt voraus, dass vernünftige Gründe vorliegen, die Begrenzungen persönlicher Freiheitsrechte zugunsten anderer und des Gemeinwohls legitimieren. Die Pointe des Freiheitsparadoxons liegt jedoch darin, dass die Einschränkung persönlicher Freiheiten größere Freiheitsräume für alle sichern kann, wenn alle sich an die Spielregeln halten.

---

9  Gabriel (2020 b), 139.
10  Drosten (2020 b).

Auch hier ist allerdings das Wünschenswerte nicht mit dem Wahrscheinlichen identisch. In der Welt der Kunst, in der Schillers Freiheitsidee sich am
schönsten entfaltet, ist es die freiwillige Einstimmung in das Vernünftige, die
auch gegen Widerstände innerer und äußerer Natur die persönliche Freiheit
beglaubigt. Hier zeigt sich ein Freiheitsverständnis, das sich erst unter Druck
bewährt. Zu tun, was immer man will, wenn alles gut läuft, ist nicht gemeint. Die
Held*innen der aufklärerischen Freiheitsnarrative sind in Konflikte verwickelt.
Sie kämpfen mit äußeren und inneren Widerständen: politischen Mächten, den
eigenen Leidenschaften. In diesen Extremsituationen das vernünftige Gute zu
erkennen und von sich aus zu tun ist Ausweis der Freiheit. Damit ist die ganze
Person angesprochen, die sich auf dieses Vermögen der Freiheit hin erst entwickeln muss, inklusive ihrer Rationalität. Dass dabei das Leben am Ende nicht
das höchste aller Güter sein muss, wie auch in der Corona-Diskussion ab und
an zu hören, ist Bestandteil dieses Narrativs. Gemeint ist damit aber das eigene
Leben und keinesfalls ein Urteil über das Leben anderer.

Wenn heute allerdings der Staat in die Rolle des wohlmeinenden Erziehers
eintritt, weckt das Reaktanz. Eine Forderung nach Regeltreue ohne Einsicht
übergeht das mögliche Freiheitsmoment, das aus der Einsicht erwachsen kann.
Umso wichtiger wird es, Fragen nach Vernünftigkeit und Angemessenheit der
Maßnahmen mit besonderer Dringlichkeit zu stellen und zu diskutieren. Der
oben gezeigte Geltungsanspruch für einen vernünftigen Gebrauch der Freiheit
im Sinne sozialer Kohärenz ist damit aber nicht außer Kraft gesetzt.

## 9.3 Transformationskonzepte zur Bewältigung
## der ökologischen Krisen

Mit der großpolitischen Konstellation eines neoliberalen Wirtschafts- und Frei-
heitsverständnisses versus einer stärkeren politischen Orientierung an Vorsorge
und Gemeinwohl verbindet sich auch die Frage nach der Bewältigung der ökologischen Krisen. Alle in den letzten Jahren diskutierten Transformationskonzepte – von der »Großen Transformation« des »Wissenschaftlichen Beirats
der Bundesregierung Globale Umweltveränderungen« (WBGU, 2011) bis zum
»Green Deal« der EU (2020) – werden auf eine Komponente sozialer Kohärenz
angewiesen sein.

Gabriele Dürbeck unterscheidet in ihrer Untersuchung zu den Narrativen
des Anthropozäns zwischen einer an der Metaphorik des Gärtnerischen orientierten Variante im Transformationsdiskurs und einer (bio-)technologischen
Erzählung. Erstere operiert mit dem Bild des »Weltgärtners«, um die Umwelt
aus der Entfremdung herauszuholen, und empfiehlt eine naturnah gestaltende
Aktivität des Menschen, während Vertreter der biotechnologischen Erzählung
unterschiedlichen Formen des Geoengineering oder gentechnisch veränder-

tem Saatgut sehr offen gegenüberstehen.[11] Dieser letztere Ansatz ist allerdings heftig umstritten und wird von den Autoren der »Großen Transformation« des WBGU nicht geteilt. Das Hauptgutachten des wissenschaftlichen Beirats der Bunderegierung aus dem Jahr 2011 war sehr stark durch den Vorsitzenden des Gremiums Hans Joachim Schellnhuber geprägt, den damaligen Direktor des Potsdam-Instituts für Klimafolgenforschung, das er begründet und aufgebaut hat. Schellnhuber, der als Deutschlands renommiertester Klimaforscher gilt, hat u. a. die sogenannten »Kipp-Elemente« in den Klimadiskurs eingebracht, die durch Rückkopplungseffekte das Erdsystem in eine neue Heißzeit stürzen können.[12] Die Publikation schlägt zehn Maßnahmenbündel in den Bereichen Energie, Urbanisierung und Landnutzung vor, die strategische Ansatzpunkte bieten, Deutschland und die Welt klimaneutral zu machen, um das 2-Grad-Ziel einzuhalten. Wissenschaft und Bildung werden eine bedeutende Rolle im Transformationsprozess zugewiesen. Das Autorenteam setzt für die »Große Transformation« insgesamt auf einen politischen Ordnungsrahmen, der den Transformationsprozess in nachhaltige Bahnen lenken soll. Dafür wird das Modell des Gesellschaftsvertrages angesetzt, der auf eine neue Grundlage zu stellen sei. Nationenübergreifend werden politische Strukturen im globalen Maßstab im Sinne einer Global Governance gefordert. Mit dieser Vertragskonzeption hatte der WBGU einen Political Turn in die Klimadebatte gebracht, durch den Klimaneutralität nicht mehr Sache individuellen moralischen Verhaltens oder Anliegen einer speziellen Zielgruppe ist.

Die Gesellschaften müssen auf eine neue ›Geschäftsgrundlage‹ gestellt werden. Es geht um einen neuen Weltgesellschaftsvertrag für eine klimaverträgliche und nachhaltige Weltwirtschaftsordnung. Dessen zentrale Idee ist, dass Individuen und die Zivilgesellschaften, die Staaten und die Staatengemeinschaft sowie die Wirtschaft und die Wissenschaft kollektive Verantwortung für die Vermeidung des gefährlichen Klimawandels und für die Abwendung anderer Gefährdungen der Menschheit als Teil des Erdsystems übernehmen. Der Gesellschaftsvertrag kombiniert eine Kultur der Achtsamkeit (aus ökologischer Verantwortung) mit einer Kultur der Teilhabe (als demokratische Verantwortung) sowie mit einer Kultur der Verpflichtung gegenüber zukünftigen Generationen (Zukunftsverantwortung). Ein zentrales Element in einem solchen Gesellschaftsvertrag ist der ›gestaltende Staat‹, der für die Transformation aktiv Prioritäten setzt, gleichzeitig erweiterte Partizipationsmöglichkeiten für seine Bürger bietet und der Wirtschaft Handlungsoptionen für Nachhaltigkeit eröffnet.[13]

Mit der Vertragstheorie, die das Gutachten aufgreift, schreibt sich das Konzept allerdings in eine Tradition ein, die durch die Polarität zweier Narrative geprägt ist, für die die Namen Jean Jaques Rousseau und Thomas Hobbes stehen. Je

---

11  Vgl. Dürbeck (2018), 10 ff.
12  Vgl. Potsdam-Institut für Klimafolgenforschung (o. J.), Kipp-Elemente.
13  WBGU (2011), 2.

nachdem, wo man sich zuordnet, ist der Mensch dem Menschen ein Wolf und der Naturzustand ein Kampf aller gegen alle, der nach einem starken Staat, dem Leviathan, verlangt (Hobbes). Oder der Mensch ist im Grunde gut und der allgemeine Wille aller Bürger regiert den Staat (Rousseau). Damit verbindet sich die Frage nach dem Ausmaß von Dirigismus, das die Große Transformation verlangt. Das Zitat oben zeigt, dass man sich bemühte, dem starken Staat, der die Rahmenbedingungen setzt, die Partizipation der Bürger*innen an die Seite zu stellen. Dennoch bleibt der »Leviathan« ein Schatten im Hintergrund. Soll die Partizipation der Bürger*innen in konstruktiver Weise zum Zuge kommen, ist eine kooperative Grundhaltung in der Gesellschaft erforderlich, die sich nicht von selbst versteht. Was will man machen, wenn die Bürger*innenbeteiligung in einen Widerstand gegen die Klimapolitik eingeht?

Uwe Schneidewind, Direktor des »Wuppertal Instituts für Klima, Umwelt, Energie«, greift das Thema der Großen Transformation 2018 noch einmal auf und stellt es in einen anderen Kontext: Es geht nun um Entwürfe für einen gesellschaftlichen Wandel, der als Kunst zu verstehen ist. Schneidewind nennt das »Zukunftskunst« und versteht die Idee nachhaltiger Entwicklung als eine im Kern kulturelle Revolution.

Vor diesem Hintergrund wird das Buch prägende Konzepte der ›Zukunftskunst‹ entwickeln. Zukunftskunst bezeichnet die Fähigkeit von Politik, Zivilgesellschaft, Unternehmen, Wissenschaft und allen Pionieren des Wandels, grundlegende Transformationsprozesse von der kulturellen Vision der Nachhaltigkeit her zu denken und von dort institutionelle, ökonomische und technologische Perspektiven zu entwickeln. Getragen ist ein solcher Ansatz von der Zuversicht, dass Zukunft mitgestaltbar und nicht lediglich das Ergebnis technologischer und ökonomischer Dynamiken ist.[14]

Mit diesem Bezug und einem multidimensionalen, akteursorientierten Ansatz kann Schneidewind die kreativen Potenziale aktivieren, die der Schatten des »Leviathan« vielleicht nicht hinter dem Ofen hervorlockt. Das Buch ist darüber hinaus getragen von der Überzeugung, dass es einen sozio-kulturellen Fortschrittspfeil in der Geschichte der Menschheit gebe und dass ein solcher moralisch-zivilisatorischer Fortschritt auch jetzt wieder möglich sei.[15] Schneidewind schließt sich damit einer Strömung an, die auf die ethische Restrukturierung gesellschaftlicher Wertesysteme setzt. Damit verbindet sich eine Abkehr von konstruktivistischen und postmodernen Relativismen, die mit dem Ende der Großen Erzählungen oder dem Ende der Geschichte auch jeglichen Fortschrittsgedanken verabschieden. Das Unternehmen, Werte verbindlich zu machen, ohne einer Regression in moralisch verklärte Vergangenheiten das Wort zu reden, ist noch auf dem Weg, hat aber durch die Corona-Krise

---

14  Schneidewind (2018), 21.
15  Ebd., 23.

zahlreiche Verbündete erhalten. Vor dem Hintergrund der hier erforderlichen Verhaltensänderungen werden die Umrisse einer kooperativen, an Vorsorge und Nachhaltigkeit orientierten politischen Kultur sichtbar. Um diese Umrisse zu schärfen, muss man zuerst, nach einer Phase der Herrschaft der Konsumsouveränität, der Differenz und der Identität, überhaupt wieder in Kategorien des Gesellschaftlichen denken.

Der Wirtschaftssoziologe Karl Polanyi (1886–1964), der mit seiner Publikation »The Great Transformation« (1944) den Referenzpunkt des Transformationsdiskurses setzte, hatte für das Verhältnis zwischen Wirtschaft und Gesellschaft auch einen Diskurs um Entbettung der Wirtschaft bzw. deren Wiedereinbettung in gesellschaftliche Wertesysteme angestoßen. Ausgehend von der These, die Idee selbstregulierender Märkte habe sich als gescheiterte Utopie erwiesen, entwickelt Polanyi den Gedanken einer Dialektik zwischen Entbettung der Märkte und dem gesellschaftlichen Anspruch auf soziale Sicherung. Polanyi bezieht das Recht auf gesellschaftliche Selbstverteidigung gegen die Macht der Marktmechanismen auch auf das von ihm schärfstens abgelehnte Unterfangen, aus der Natur einen Markt zu machen.[16] Als die »große Entbettung« bezeichnet der kanadische Philosoph Charles Taylor die Essenz des historischen Säkularisierungsprozesses, in dessen Verlauf man die Gesellschaft in ein aus Individuen bestehendes Gebilde umdeutete. Taylor bezieht sich in seiner groß angelegten historischen Untersuchung auf die Entzauberung der Welt und die Lösung aus den Bindungen der Religion. Mit der »Entwicklung und Einbürgerung eines neuen Selbstbilds unserer gesellschaftlichen Existenz« wurde dem Individuum, so Taylor, eine »beispiellose Vorrangstellung« eingeräumt.[17] Andreas Reckwitz nennt das Konglomerat entbetteter Individuen eine »Gesellschaft der Singularitäten«. Der Kult der Einzigartigkeit reicht in dieser Analyse von hedonistischer Selbstverwirklichung über Lebensstile und Klassen bis in die technologische Kulturalisierung durch das Internet. All das ist als Motor der Ökonomie zu verstehen. Aus der Priorisierung des Besonderen in der Spätmoderne leitet Reckwitz auch die Krise des Politischen ab, die mit dem Verlust an gesamtgesellschaftlichen Steuerungsmöglichkeiten und der Zersplitterung in Teilöffentlichkeiten einhergeht. Reckwitz sieht dem gegenüber ein neues Paradigma im Aufbruch, das er als »regulativen Liberalismus« bezeichnet. In dessen Rahmen könnten auch die Institutionen des Staates wieder an Bedeutung gewinnen.[18]

Auf der Suche nach einer Geistesgröße, die in Corona-Zeiten Orientierung geben kann, stößt der Schriftsteller Michael Ebmeyer auf einen wie Karl Polanyi

---

16 Polanyi (2019), Kap. 15. Markt und Natur, 243 ff.; vgl. auch Ther (2019). Ther bezieht sich auf Polanyi und verweist darauf, dass das Pendel der Reaktion auf entfesselte Märkte nicht nur nach links, sondern auch nach rechts ausschlagen kann. Damit erklärt Ther den Rechtsruck in osteuropäischen Staaten.

17 Taylor (2012), 252.

18 Reckwitz (2017), 434 ff.

(fast) vergessenen Denker: den russischen Naturforscher und Gesellschafts-
theoretiker Pjotr Kropotkin (1842–1921). Sein Buch»Gegenseitige Hilfe in der
Tier- und Menschenwelt« (1902) ist, so Ebmeyer, der Text der Stunde. Der auch
als Theoretiker des Anarchismus hervorgetretene und als solcher (zu Unrecht)
gebrandmarkte Autor sollte im Lichte der Corona-Krise neu gelesen werden, da
er ein Gegenmodell zum zentralen Theorem des Sozial-Darwinismus, wonach
das Streben nach dem persönlichen Vorteil als biologisches Grundprinzip gelte,
entwickelt habe. Kropotkin hat zahlreiche Beispiele aus der Tier- und Menschenwelt gesammelt, die die Fähigkeit zur Kooperation als Überlebensvorteil belegen.
Ebmeyer sieht in der These des »alten Menschheitsoptimisten« den Schlüssel
zur Bewältigung der Corona-Krise: Keine Gemeinschaft werde einen Teil ihrer
Mitglieder opfern, sofern sie nicht durch perverse Umstände dazu gezwungen
sei. Wo dem Virus sozialdarwinistisch begegnet werde, herrschten katastrophale
Zustände, während dort, wo das Gemeinwohl und die Fähigkeit zur Kooperation
höher stehen als das egoistische Einzelinteresse, die Pandemie einigermaßen gut
bewältigt werde.[19]

Ebmeyer ist mit dieser originellen anarcho-moralischen Positionierung nicht
allein. In der aktuellen publizistischen Landschaft mehren sich die Anzeichen
einer Wiederbelebung von Moralität und Aufgeklärtheit. Der niederländische
Historiker Rutger Bregman illustriert die These, der Mensch sei im Grunde
kooperativ und freundlich, mit zahlreichen gut belegten Beispielen. Schon der
Titel:»Im Grunde gut. Eine neue Geschichte der Menschheit« (Hamburg 2020)
markiert einen enormen Anspruch.

Mit Bezug auf die Krisenlage der Zeit formuliert der Philosoph Markus Gabriel den Titel seiner neuen Publikation als weitreichendes Programm:»Moralischer Fortschritt in dunklen Zeiten. Universale Werte für das 21. Jahrhundert«.
Gabriel baut darauf, dass es moralische Tatsachen gibt, die universale Gültigkeit
haben und uns wissen lassen, was gut, böse oder quasi egal sei. Dieser moralische Universalismus mag theoretisch bestritten werden, gibt Gabriel aber die
Möglichkeit zum energischen Widerspruch gegen postmoderne Beliebigkeit und
konstruktivistischen Werterelativismus. Er gewinnt so den Raum, die Überzeugungskraft seines Konzepts mit Nachdruck zu entfalten:»Mein Ziel ist es, der
Idee neuen Auftrieb zu geben, dass die Aufgabe der Menschheit auf unserem
Planeten darin besteht, moralischen Fortschritt durch Kooperation zu ermöglichen.«[20] Gabriel fordert eine neue Aufklärung, die er aus einer Reaktivierung
des moralischen Kerns dieser europäischen Utopie ableitet:

Die mit dem Paukenschlag der Französischen Revolution einsetzende Moderne beruht
auf der Utopie der Aufklärung, die im Wesentlichen in der Idee besteht, dass unsere
Institutionen – und damit an erster Stelle der Staat – zu Instrumenten moralischen

---

19  Ebmeyer (2020).
20  Gabriel (2020 a), 16.

Fortschritts werden, was nur möglich ist, wenn jede*r einzelne Bürger*in durch ihr/
sein alltägliches Verhalten dazu beitragen, dass wir mit bestem Wissen und Gewissen
individuell und kollektiv versuchen, das moralisch Richtige zu tun.[21]

Dass Ökonomie wie auch der technologische Fortschritt bei Gabriel dem moralischen Primat zu folgen haben, versteht sich fast von selbst.

Die neue Aufklärung fordert deswegen, die Idee moralischen Fortschritts an die ober-
ste Spitze unserer gesamtgesellschaftlichen Zielstruktur zu setzen und die Teilsysteme
Wissenschaft, Wirtschaft, Politik und Zivilgesellschaft in diesem Licht zu gestalten.[22]

Zur Bestimmung der Inhalte eines solchen moralischen Fortschritts im Kontext unserer Fragestellungen gibt es zahlreiche aktuelle Positionen, die speziell
die ökologische Krise, die Klimapolitik und die Förderung der Biodiversität
thematisieren.

Die Leopoldina formulierte in ihren Stellungnahmen zur Corona-Pandemie
richtungweisende Vorschläge, die sich auf bürgerliche Eigenverantwortung, den
Grundsatz ökologischer und sozialer Nachhaltigkeit sowie Resilienzgewinnung
für die folgende Phase des wirtschaftlichen Wiederaufbaus beziehen. Gemeint
ist damit der Aufbau einer klimafreundlichen Wirtschaft und eine konsequente
Mobilitäts- und Landwirtschaftswende, die Einführung eines Preises für fossiles
$CO_2$, die Umsetzung der nationalen Wasserstoffstrategie sowie eine Neurege-
lung des Strommarktes. Wirtschaftliche Unterstützungsprogramme sollen sich
grundsätzlich an den Zielen des europäischen »Green Deal« orientieren.[23]

Das gesteigerte Bewusstsein für die Bedeutung der Vorsorge – eines zentralen Wertes des Nachhaltigkeitskonzepts – zeigt sich auch in einer Studie, die
im Auftrag des Umweltbundesamtes entstand und 2020 erschien. In diesem
aktuellen Beitrag zum Transformationsdiskurs legen die Wissenschaftler*innen
einen Vorschlag für eine »vorsorgeorientierte Postwachstumsposition« vor, die
geeignet ist, die planetaren Grenzen einzuhalten, ohne das Wohlergehen der
Menschen in Gegenwart und Zukunft zu gefährden. Dahinter verbirgt sich der
Gedanke, einen pragmatischen dritten Weg jenseits der ziemlich polarisierten
Alternative »Green Growth« oder »Degrowth« zu entwickeln. Die Anhänger*innen eines grünen Wachstums, zu denen auch die EU mit ihrem »Green Deal«
gehört, gehen davon aus, dass wirtschaftliches Wachstum und Ressourcenverbrauch sowie $CO_2$-Ausstoß voneinander getrennt werden können. Ziel ist
ein qualitatives Wachstum in den Bereichen, die klimaneutral und nachhaltig
arbeiten, während die fossilen Zonen in Wirtschaft und Privatleben schrump-
fen und schrittweise durch nachhaltige Alternativen ersetzt werden. Die Post-

---

21 Ebd., 21.
22 Ebd., 271.
23 Leopoldina Nationale Akademie der Wissenschaften (Hrsg., 2020).

wachstumsbewegung hält dies für illusorisch und fordert eine grundsätzliche Abkehr der entwickelten Industriestaaten vom wirtschaftlichen Wachstum. Nur so könne der Ressourcenverbrauch gestoppt werden und die Klimawende gelingen. Allerdings ist in diesem Konzept das Schicksal der Sozialsysteme ungeklärt. Denn die Ausgaben für soziale Zwecke im Bundeshaushalt sind bisher von Steuergeldern abhängig, die wiederum vom Wirtschaftswachstum gespeist werden, oder sie sind auf Beiträge angewiesen, deren Steigerungen auf Mehrverdienste angewiesen sind. Die Sozialkosten in unserer Gesellschaft steigen jedoch kontinuierlich, was auch im Sinne der Forderungen nach mehr gesellschaftlicher Vorsorge erwünscht ist.

Die Idee des Ansatzes der vorsorgeorientierten Postwachstumsposition besteht darin, zentrale gesellschaftliche Funktionen, die bisher von der Wirtschaftsleistung abhängig sind, wie Sozialversicherungssysteme oder den Bildungsbereich, vorsorglich aus dieser Abhängigkeit herauszulösen. Die Frage nach dem Wachstum soll dabei offenbleiben. Der Ansatz deckt sich zum Teil mit Forderungen aus der Corona-Krise, zentrale gesellschaftliche Funktionen wie etwa das Gesundheitssystem resilienter gegenüber Umweltschocks und Krisen zu machen, zu denen auch Wachstumseinbußen gehören können.[24] Wenn auch viele Fragen in der vorliegenden Studie nicht beantwortet werden, ist doch mit der sozialen Problematik ein wichtiges, bisher im Ökologie- und Transformationsdiskurs zu wenig beleuchtetes Feld in den Blick genommen worden. Eine weitere Studie stützt diese Position: Ein Autorenteam unter Leitung des Berliner Klimaforschungsinstituts MCC (»Mercator Research Institute on Global Commons and Climate Change«) hat sich ebenfalls mit der Kontroverse um das Wachstum beschäftigt. Die Autor*innen suchen nach einer Perspektive des Übergangs zur nachhaltigen Entwicklung, regen an, Wohlstand nicht nur über das Bruttoinlandsprodukt zu messen, auch auf Anstöße zur Verhaltensänderung zu setzen und einen eher qualitativ orientierten Wachstumsbegriff zu etablieren. Ebenso raten sie dazu, die Sozialversicherungssysteme im Sinne des Vorsorgegedankens so zu reformieren, dass sie weniger auf Wachstum angewiesen sind.[25]

Ein neues Licht auf den Begriff »Care« sowie unser gesamtes Wirtschaftssystem wirft eine Publikation von Riane Eisler. Ihr Werk »The Real Wealth of Nations: Creating a Caring Economics«, das bereits 2007 in den USA erschienen war, wurde unter dem Titel »Die verkannten Grundlagen der Ökonomie. Wege zu einer Caring Economy« 2020 einem breiteren Publikum in Deutschland zugänglich. Riane Tennenhaus Eisler war als Kind mit ihren Eltern vor den Nationalsozialisten geflohen und machte in den USA eine große Karriere. Die Kulturhistorikerin, Systemwissenschaftlerin, Soziologin und Anwältin bezieht

---

24  Vgl. Umweltbundesamt (Hrsg., 2020).
25  Vgl. Jakob, Lamb, Steckel et al. (2020).

dezidiert feministische Positionen und wurde weltbekannt durch ihre Kritik am von Angst, Gewalt und Zerstörung geprägten Dominanzsystem, das sich in vielen politischen und wirtschaftlichen Systemen ausdrückt. Dem stellt sie als Gegenpol das Partnerschaftssystem gegenüber, das von Respekt und Fürsorge geprägt ist. Die Polarität ist von verblüffender analytischer Schärfe, erlaubt sie doch, über die politischen Systeme von Kapitalismus und Sozialismus hinweg die Ursachen zahlreicher Krisenphänomene neu zu denken. Ihre Forderung lautet denn auch, »dass wir Wirtschaft von Grund auf neu denken müssen«.[26] Eisler fordert, den wirtschaftlichen Wert von Umweltschutz, Pflege und Fürsorge in unser Wirtschaftsmodell zu integrieren, das dann auch mit anderen Kennzahlen als etwa dem Bruttoinlandsprodukt gemessen werden müsse. Die Beiträge der Care-Arbeit, die in Dominanzsystemen als weiblich abgewertet werden, sollen in der Partnerschaftsökonomie kulturell geachtet und gesellschaftlich belohnt werden. Ihr Ziel ist ein Wirtschaftssystem, das Kreativität und Großzügigkeit fördert, statt Gier und Zerstörungswut implizit zu belohnen. Das umfasst auch Fürsorge für die nichtmenschliche Mitwelt, deren Ausbeutung sie ursächlich dem Dominanzsystem zuschreibt. Tief in unseren Wirtschaftsmodellen verwurzelte dominanzgeprägte Verhaltensmuster sind es, so Eisler, die mittlerweile unser gesamtes Erd-Ökosystem bedrohen. Neben hochentwickeltem Humankapital und gesunden Ökosystemen bringt ihr partnerschaftlicher Ansatz auch eine Bewertung technologischer Entwicklungen mit sich. Angesichts der Herausforderungen der postindustriellen Welt fordert Eisler eine Neudefinition dessen, was wir als produktive Arbeit begreifen, wobei die Bewertung von Technologien sich daran ausrichtet, ob diese zur Unterstützung von Dominanzstrukturen oder im Kontext partnerschaftlicher Systeme eingesetzt werden.[27]

Elemente einer politischen Ökonomie, die den Standards der klassischen Wachstumsökonomie entgegentritt, entwickelt auch Maja Göpel. Die Wissenschaftlerin und Generalsekretärin des Wissenschaftlichen Beirats der Bundesregierung Globale Umweltveränderungen will Ökonomie und Ökologie zusammenbringen und mit Verteilungsgerechtigkeit verbinden. Sie versammelt in einem gut verständlichen Überblick über soziale, verhaltenstheoretische und ökonomische Theorien Erkenntnisse zur gegenwärtigen Problemlage und entwickelt daraus Lösungsansätze im Sinne einer nachhaltigen Wirtschaft und Gesellschaft. Auch sie plädiert für eine Abkehr von Systemen, die Egoismus als Naturkonstante propagieren und belohnen, und fordert stattdessen eine Neubetrachtung von Werten, die Menschen in ihrer kooperativen Lebendigkeit unterstützen. Dazu gehört es, die Vorstellungen von Wohlstand und dem sich damit verbindenden Konsumverhalten neu zu bewerten sowie die überkommenen

---

26 Eisler (2020), 12.
27 Ebd., 14., 97 f., 102, 136, 140.

Begriffe von Fortschritt und technologischer Entwicklung zu hinterfragen. Vor diesem Hintergrund sind auch die Rollen von Markt und Staat neu zu verteilen.[28]

Eine Bündelung und Weiterentwicklung der theoretischen und kreativen Energien, die sich in diesem Diskurs entwickeln, verspricht das 2020 gegründete Institute of Advanced Study »The New Institute« in Hamburg, in dem Maja Göpel als wissenschaftliche Direktorin antritt und u. a. Markus Gabriel sowie die französische Philosophin Corine Pelluchon, deren »Manifest für die Rechte der Tiere« 2020 erschien, zu den Fellows gehören werden. Das Institut appelliert angesichts der Krisen der Zeit ebenfalls an ein neues Denken und Handeln und nutzt damit eine Formulierung, die mittlerweile fast zum Codewort eines Netzwerks von Denker*innen geworden ist, die an alternativen ökonomischen und sozialen Theorien arbeiten. Die Stiftung versteht sich als Plattform des gesellschaftlichen Wandels für eine interdisziplinäre und transsektorale Gemeinschaft, in der Akademiker*innen, Aktivist*innen, Künstler*innen, Unternehmer*innen und Politiker*innen zusammenarbeiten werden. Die zentralen Werte, denen das Institut sich verpflichtet, lauten »Care – Courage – Creativity – Commitment« und setzen mit diesem Vierklang deutliche Zeichen in Richtung einer neuen Gesellschaftlichkeit, die sich an Werte bindet und dabei offenbleibt für den Möglichkeitssinn. Die Themen reichen von den Reformen für eine zukunftsfähige Demokratie über die Frage, wie eine regenerative Wirtschaft funktionieren kann, bis hin zur grünen digitalen Modellstadt, der Suche nach den Mustern von Veränderung und der Entwicklung eines tragfähigen Wertesystems für das 21. Jahrhundert.[29]

Auch Schutz und Stärkung der Biodiversität werden mehr und mehr in einen Transformationsdiskurs eingebunden. Man hat bemerkt, dass Schutzziele, die unter den Vorzeichen eines konservatorischen Naturschutzes stehen, als gesellschaftliche Nebenschauplätze gelten. Für 2021 steht eine neue weltweite Biodiversitätskonvention an, die diesem Umstand Rechnung tragen könnte, indem sie vielschichtige Transformationsprozesse auf globaler, nationaler und regionaler Ebene einfordert. Im Vorfeld der Konferenz fanden sich über 100 Staats- und Regierungschefs zu einem Naturschutzgipfel der Vereinten Nationen zusammen, wo China ankündigte, bis 2060 klimaneutral zu werden und 79 Staaten ein Versprechen an die Natur ablegten, das die Umkehr des Verlusts an Biodiversität bis 2030 beinhaltet. Dieser »Leaders' Pledge for Nature« bedeutet zumindest rhetorisch den Abschied vom isolierten Naturschutz mit dem Bekenntnis zum »movement for change«:

We are committed to taking the necessary actions to achieve the vision of Living in Harmony with Nature by 2050. To put the world on the right track towards this longterm goal will require strong political will combined with real accountability and the

---

28  Vgl. Göpel (2020).
29  Vgl. The New Institute (2020).

appropriate legal, economic and financial tools and incentives. Everyone, governments, business and individuals, has a role to play. We must broaden and strengthen the movement for change.[30]

Für die EU ist die Planung bereits konkreter: Der »Green Deal« sieht neben zahlreichen Maßnahmen zur Klimapolitik vor, in Übereinstimmung mit der UN mindestens 30 Prozent der Land- und Meeresgebiete Europas bis 2030 unter Schutz zu stellen sowie die verbleibenden Primär- und Urwälder in der EU strenger zu schützen bzw. zu renaturieren. Der Einsatz von Pestiziden soll bis 2030 um 50 % reduziert werden. Auf mindestens 25.000 km Länge sollen Flüsse renaturiert und drei Milliarden Bäume gepflanzt werden. Die Biolandwirtschaft soll gestärkt werden. Da das Programm sich eindeutig dem »Green Growth« verschrieben hat, werden die Maßnahmen mit eindrucksvollen wachstumsorientierten Wirtschaftsdaten hinterlegt. Außerdem wird angekündigt, den Wert der Natur künftig systematisch in Zahlen zu fassen. Die EU möchte damit eine globale Vorreiterrolle einnehmen und dazu beitragen, die anstehende globale Biodiversitätskonvention zum Erfolg zu machen bei der Zielsetzung, bis 2050 alle Ökosysteme der Welt wieder herzustellen und angemessen zu schützen. Geplant ist auch eine Initiative für nachhaltige Corporate-Governance der Unternehmen und ihrer Wertschöpfungsketten. Unter der Überschrift »Mehr Raum für die Natur in unserem Leben« ist Erstaunliches zu lesen:

Die Gesundheit und die Widerstandsfähigkeit von Gesellschaften hängen davon ab, dass der Natur der erforderliche Raum gegeben wird. Die jüngste Covid-19-Pandemie macht den Schutz und die Wiederherstellung der Natur umso dringlicher. Durch die Pandemie wird das Bewusstsein für die Zusammenhänge zwischen unserer eigenen Gesundheit und der Gesundheit der Ökosysteme geschärft. Sie zeigt, dass nachhaltige Lieferketten und Verbrauchsmuster erforderlich sind, die die Belastungsgrenzen unseres Planeten nicht überschreiten. Dies spiegelt die Tatsache wider, dass das Risiko des Auftretens und der Ausbreitung von Infektionskrankheiten steigt, wenn die Natur zerstört wird. Der Schutz und die Wiederherstellung der biologischen Vielfalt und gut funktionierender Ökosysteme sind daher von entscheidender Bedeutung, um unsere Widerstandsfähigkeit zu stärken und das Auftreten und die Ausbreitung künftiger Krankheiten zu verhindern.[31]

Die Pläne der EU im Verein mit der neuen Biodiversitätskonvention 2021 werden damit eine Dimension wie das Pariser Klimaabkommen erreichen. Dass beides ohne tiefgreifende sozio-kulturelle und ökonomische Änderungen, wie sie im oben dargestellten Transformationsdiskurs formuliert werden, nicht umgesetzt werden kann, ist offenkundig. Menschen werden ein wenig beiseiterücken

---

30  Vgl. Leaders' Pledge for Nature (2020), Convention on Biological Diversity (o. J.), Homepage, unter: https://www.leaderspledgefornature.org/, letzter Zugriff: 26.1.2021.
31  Europäische Kommission (2020 b).

müssen, um der Natur mehr Raum zu geben. Unsere Einbindung in die Natur lässt sich aber auch ohne die Berechnung von Ökosystemdienstleistungen und wirtschaftlichen Vorteilen plausibel machen.

In der Tatsache ihrer biologischen Körperlichkeit sind nicht nur alle Menschen gleich, sondern hier sind sie auch Mitglieder des Tierreiches und unterliegen den gleichen Prinzipien wie andere Tiere auch. Über diese Verbindung sind Menschen ebenso Bürger*innen des Naturreiches, zu dessen Gestaltung grundsätzlich über faire und gleichberechtigte Rechtsverhältnisse nachgedacht werden sollte.

In die Überlegungen zur Positionierung universaler Werte müssen wir unbedingt nicht nur die Tiere, sondern die Natur insgesamt mit einbeziehen. Jede »Moral in dunklen Zeiten« sollte für diesen Weg offen sein. Mit einem neuen Verständnis der Rechte der Natur eröffnet sich ein weiterer Schritt in der Entwicklung universaler Rechte, deren Geltungsraum als Maßstab sozio-kulturellen Fortschritts gelten kann.

*Abb. 24:* Wilhelm Busch, Schopenhauer mit Pudel, 8,2 × 5,3 cm, 1860, Frankfurt a. M., Stadt- und Universitätsbibliothek, Schopenhauer-Archiv.

# 10. Von der Mitleidsethik zu den Rechten der Natur

## 10.1 Schopenhauers Hund

Die kleine Zeichnung von Wilhelm Busch zeigt Arthur Schopenhauer (1788–1860) mit seinem Pudel. Wahrscheinlich handelt es sich um »Butz«, der des Philosophen letzte Lebensjahre begleitete. Schopenhauer besaß regelmäßig einen Pudel, das heißt, ein Tier wurde nachgeschoben, sobald der Vorgänger gestorben war. Es muss für ihn, ganz im Sinne seiner Philosophie, hinter den Erscheinungen der individuellen Tiere immer derselbe freundliche Begleiter gewesen sein, den er mitunter auch Atman genannt haben soll, nach dem alles durchdringenden Lebenshauch der indischen Philosophie.[1] Wilhelm Buschs Zeichnung zeigt die beiden von hinten, das spärliche Haupthaar des Philosophen in die gleiche Richtung gesträubt wie des Pudels Schweif. Offenbar scheint die Sonne, das zeigen die Schatten. Rechts erblicken wir einen großen Strauch im Topf, den der Hund vielleicht als Baumersatz in Erwägung zieht. Schopenhauer, gerüstet zum Spaziergang mit Stock und zum Schutz gegen ungünstiges Wetter auch mit Hut, den er aber in der Hand trägt, wirkt ein wenig pedantisch. Er ist alt; die Zeichnung entstand im Jahr seines Todes. Das Anekdotische der kleinen Arbeit darf nicht darüber hinwegtäuschen, dass Schopenhauer (wie übrigens auch Busch) zu den unterschätzten Denkern des 19. Jahrhunderts gehört.

Die Zeichnung Wilhelm Buschs zeigt nicht nur einen pedantischen älteren Herrn mit seinem treuen Begleiter, sondern verweist darauf, dass Schopenhauer in seine Ethik des Mitleidens auch die Tiere und alles Lebendige mit einbezogen hat. In seiner »Preisschrift über die Grundlage der Moral«, wie ausdrücklich im Titel vermerkt, »nicht gekrönt von der Königlich Dänischen Societät der Wissenschaften, zu Kopenhagen, am 30. Januar 1840«, führt er seine Gedanken am deutlichsten aus.

Schopenhauer setzt an mit einer massiven Kritik der Ethik Kants, die ihm zu abstrakt ist, zu gekünstelt und wirklichkeitsfern. Mit deutlichen Worten umreißt er in diesem Zusammenhang die Grundlagen einer Tierethik. Als »empörend und abscheulich« bezeichnet er, dass Kant Tiere als Sachen wertet, die damit, anders als Menschen, sehr wohl als bloße Mittel zu beliebigen Zwecken behandelt werden dürften. Als Beispiele solcher Zwecke nennt Schopenhauer in

---

1 Vgl. Botton (2001), 218 ff. Alain de Botton widmet Schopenhauer und seinem Pudel das schöne Kapitel »Trost bei gebrochenem Herzen«.

loser Reihung Vivisektionen, Parforcejagden, Stierkämpfe, Wettrennen, zu Tode peitschen. Er verurteilt schärfstens eine Moral, »die das ewige Wesen verkennt, welches in allem, was Leben hat, da ist, und aus allen Augen, die das Sonnenlicht sehn, mit unergründlicher Bedeutsamkeit hervorleuchtet.«[2]. Er weiß sich darin in Übereinstimmung mit der asiatischen Welt und leitet die allein auf den Menschen bezogene Vernunftmoral ab von dem biblischen Gedanken der Herrschaft des Menschen über die Tiere. Diese in spitzfindige Abstraktionen verkleidete Christenmoral sei abzulösen durch eine Ethik, die jeden Menschen ansprechen könne und allein aus der Anschaulichkeit und Realität der Wirklichkeit lebe.[3] Schopenhauer sucht nach einer echten moralischen Triebfeder im Menschen, die stark genug ist, ihn von seinen egoistischen Motiven abzubringen. Das Wohl und Wehe des Anderen soll unmittelbares Motiv des Handelns sein. Als diese Triebfeder identifiziert er das alltägliche Phänomen des Mitleids. Im Mitleid ist, so sein Argument, auf fast mysteriöse Weise die Scheidewand zwischen Ich und Nicht-Ich aufgehoben, das Leid des Anderen liegt mir so unmittelbar am Herzen wie sonst nur das eigene.[4] Dieses Mitleid umfasst alle lebenden Wesen, was Schopenhauer zu einer wirklich bahnbrechenden Schlussfolgerung führt:

Die von mir aufgestellte moralische Triebfeder bewährt sich als die ächte ferner dadurch, daß sie auch die Thiere in ihren Schutz nimmt, für welche in andern Europäischen Moralsystemen so unverantwortlich schlecht gesorgt ist.[5]

Die scharfe Trennung zwischen Mensch und Tier in der europäischen Philosophie, von Descartes bis in die Aufklärung, hält er für einen barbarischen Irrtum, der den Grund gelegt habe zu der in Europa üblichen Grausamkeit gegen Tiere.[6] Ja an der Fähigkeit zum Mitleiden mit Tieren bemisst sich die Qualität des Charakters: »Mitleid mit Thieren hängt mit der Güte des Charakters so genau zusammen, daß man zuversichtlich behaupten darf, wer gegen Thiere grausam ist, könne kein guter Mensch seyn.«[7]

Die metaphysische Begründung seiner Ethik basiert auf der Lehre einer universalen Einheit als Wesen des Seins hinter der Vielheit der Erscheinungen. Schopenhauer bezieht diese Lehre aus einem Traditionsstrom, den er von den indischen Veden bis in den zeitgenössischen Pantheismus führt. Das tiefe Gefühl

---

2 Schopenhauer (1840/1950), 162.
3 Ebd., 186.
4 Ebd., 209.
5 Ebd., 238.
6 Vgl. ebd., 240.
7 Ebd., 242. Die Geschichte hat diese Behauptung durch den Hundefreund Adolf Hitler widerlegt. Auch flicht Schopenhauer in seine Ausführungen immer wieder gegen das Judentum gerichtete Bemerkungen ein, das er allerdings als Vorstufe des ebenfalls heftig kritisierten Christentums ansieht. Dennoch trübt diese Färbung die Freude an der Tierethik Schopenhauers.

dieser Einheit, das alles Lebendige verbindet, tritt als Mitleid ins Bewusstsein und bildet so die Grundlage einer universalen Ethik.[8]

Schopenhauers Ethik erweist sich damit als anschlussfähig an die aktuellen Bemühungen, mit der Respektierung der planetaren Grenzen die Erde als Ganze in den Blick zu nehmen.

Diese ganzheitliche Position unterscheidet ihn von dem engeren pathozentrischen Ansatz der Tierethik, der heute weite Verbreitung gefunden hat. In diesem Ansatz hat sich die Philosophie des Utilitarismus, von Jeremy Bentham, John Stuart Mill bis Peter Singer durchgesetzt. Den Startpunkt setzt Jeremy Benthams (1748–1832) Untersuchung »An Introduction to the Principles of Morals and Legislation« (1789). Hier findet sich die viel zitierte Fußnote, die in der modernen pathozentrischen Tierethik das Leidenskriterium definierte: »Die Frage ist nicht: Können sie denken? oder: Können sie sprechen?, sondern: Können sie leiden?« Bentham stellt seine Tierethik in einen gesellschaftlichen Befreiungsdiskurs, der die Erkämpfung von Menschenrechten mit der von Tierrechten parallelisiert: »Der Tag wird kommen, an dem auch den übrigen lebenden Geschöpfen die Rechte gewährt werden, die man ihnen nur durch Tyrannei vorenthalten konnte.«[9] Gegenüber dem Tierquälereiverbot ist dieser gesellschaftliche Anspruch jedoch zunächst zurückgetreten und hat erst in der Tierrechtsdebatte der letzten Jahre wieder Fuß gefasst. Auch bleibt anzumerken, dass die Freiheit von Schmerz im Utilitarismus eine andere Stellung hat als das Mitempfinden in Schopenhauers sympathetischer Universalethik.

## 10.2 Tierethik und Tierrechte

In der Tradition der Leidvermeidung hat sich eine rechtliche Linie entwickelt, die sich in Naturschutzgesetzen niederschlägt. Das deutsche Tierschutzgesetz beinhaltet daher den Satz: »Niemand darf einem Tier ohne vernünftigen Grund Schmerzen, Leiden oder Schäden zufügen.« (§ 1 TierSchG) Der Raum für vernünftige Gründe ist aber groß. Die Formulierung ruft Schopenhauers Kritik an Kant in Erinnerung, denn immer noch können hier Tiere als Mittel zu Zwecken eingesetzt werden, wenn auch diese vernünftig zu begründen sind. Gegenüber wirtschaftlichen Interessen, denen der Homo oeconomicus als Ausbund der Vernünftigkeit gilt, haben die Tiere keine Chance, wie die industrielle Massentierhaltung zeigt.

Wir bewegen uns mit dem Artenschutzgedanken immer noch in einem paternalistischen Paradigma. Der Umgang mit Tieren entspricht dem Umgang des Herrschers mit seinen Untertanen, der diesen rechtlichen Schutz gewähren

---

8  Vgl. Ebd., 268 ff.
9  Zit. nach Baranzke, Ingensiep (2019), 36.

kann oder im Dienste priorisierter Interessen eben nicht. Angesichts der globalen Krisensituationen sind die Beziehungen zwischen Menschen und Natur aber grundsätzlich zu überdenken. Jedenfalls scheint es an der Zeit, den Tieren nicht nur nach Maßgabe menschlichen Ermessens einen Schutzstatus zuzuschreiben, sondern die Situation auch von der Seite der Tiere her zu betrachten, also versuchsweise – mit Schopenhauer – die Scheidewand zwischen Mensch und Tier durch Empathie zu überwinden. Hans Jonas hatte mit seinem »Prinzip Verantwortung« schon ein »sittliches Eigenrecht der Natur« in den Raum gestellt:

> Es ist zumindest nicht mehr sinnlos, zu fragen, ob der Zustand der außermenschlichen Natur, die Biosphäre als Ganzes und in ihren Teilen, die jetzt unserer Macht unterworfen ist, eben damit ein menschliches Treugut geworden ist und so etwas wie einen moralischen Anspruch an uns hat – nicht nur um unsretwillen, sondern auch um ihrer selbst willen und aus eigenem Recht. Wenn solches der Fall wäre, so würde es kein geringes Umdenken in den Grundlagen der Ethik erfordern.[10]

Ein kommunikatives Verhältnis zu Tieren, über das wir uns in die Rolle der Tiere hineinversetzen, sollte uns unsere eigene Humanität zurückspiegeln. Darüber hinaus sind definierte und einklagbare Rechte für Tiere im Sinne unveräußerlicher Grundrechte zu diskutieren. Zu den Grundrechten, die dann in den Blick kommen, gehört zuallererst die Freiheit des Tieres, ein normales individuelles und soziales Verhalten zeigen zu dürfen. Daraus leitet sich ab, nicht hungern oder frieren zu müssen und die Freiheit von zugefügten Beeinträchtigungen wie Angst, Schmerz, Verletzung und Krankheit. In der Frage, wie weit das in Richtung der Persönlichkeitsrechte von Menschen oder der Konzeption einer tierischen Person gehen soll, steckt noch viel Stoff für weitere Diskussionen.

Der Deutsche Ethikrat verfasste im Juni 2020 eine Stellungnahme zum Tierwohl, nachdem die horriblen Missstände in der industriellen Massentierhaltung durch das Covid-19-Virus in Schlachthöfen in die Öffentlichkeit gedrungen waren. Hier wird entsprechend dem Stand der aktuellen Tierforschung vorgeschlagen, vom Schadensvermeidungskonzept abzurücken und stattdessen auf positive Faktoren zu setzten. Diese sind im derzeit wichtigsten Konzept der Forschung in den sogenannten fünf Freiheiten zu finden: dem Freisein von Hunger und Durst, von Unbehagen, von Schmerz, Verletzungen und Erkrankungen, von Angst und Stress und der Freiheit zum Ausleben normaler Verhaltensweisen.[11]

Seit den 1980er-Jahren beschäftigen sich die Human-Animal Studies, zunächst vorwiegend in den USA, mit dem Thema. In diesem kritischen und interdisziplinär arbeitenden Wissenschaftszweig bringen sich auch Geistes- und Sozialwissenschaften ein. Die Mensch-Tier-Beziehungen werden historisch, kulturhistorisch und soziologisch untersucht und in den Rahmen kritisch-emanzi-

---

10  Jonas (1979/2003), 29.
11  Deutscher Ethikrat (Hrsg., 2020), 29.

patorischer Theoriebildung gestellt. Dabei wird deutlich, dass die gesetzlichen Regelungen nicht nur Tiere schützen, sondern das Unrecht auch institutionalisieren können. Tiere werden demgegenüber in den Human-Animal Studies als handelnde Individuen verstanden, die Einfluss auf die Gesellschaft nehmen. Dieser Wandel in der Betrachtung von Tieren wird auch als »Animal Turn« bezeichnet. Die »Natur« wird nicht mehr als strikt getrennter Bereich der menschlichen Kultur gegenübergestellt.[12]

Mittlerweile gibt es eine Reihe von Romanen, die sich mit besonderen Mensch-Tier-Verhältnissen beschäftigen. In Susanne Röckels Roman »Der Vogelgott« (2018) verfällt eine ganze Familie einem unheimlichen Vogelwesen, das Menschenopfer verlangt und dessen Kult weit in die Vergangenheit, in ferne Länder und in die wahnhaften Fantasien der Menschen reicht. Verena Güntner schildert in »Power« (2020), wie eine Gruppe von Kindern auf der Suche nach dem Hund Power im Wald als Tierhorde lebt. Eva Menasse sammelt in »Tiere für Fortgeschrittene« (2017) Tiermeldungen aus aller Welt, die von kuriosen Verhaltensweisen berichten, und knüpft daran Erzählungen unerhörter Begebenheiten und seltsamer Verhaltensweisen aus der Welt der Menschen. Herausragendes literaturhistorisches Referenzwerk bleibt der »Kater Murr« E. T. A. Hoffmanns, auf dessen Lebensgeschichte ein mit dem Dichter zusammenlebender Kater namens Murr anregend eingewirkt haben soll.[13] Auch Schopenhauers Hund Atman/Butz gehört in diese Historie.

Wie eine Fortsetzung der Linie, die Bentham mit seinem gesellschaftsbezogenen Ansatz begonnen hatte, wirkt die »Political Turn« genannte Entwicklung in der Tierrechtsbewegung. Immer mehr rückt in den Fokus, dass Tierrechte eine gesellschaftliche Aufgabe im Sinne politischer Fairness sind.

Mit ausdrücklichem Bezug auf Benthams Ansatz einer Tierethik beim Empfindungsvermögen der Tiere wie beim Mitgefühl der Menschen rückt die französische Philosophin Corine Pelluchon die Befreiung der Tiere in eine historisch-politische Linie mit der Aufhebung der Sklaverei, der Emanzipation der Frauen und unserem Verhältnis zu den Schwachen in der Gesellschaft. Sie weitet diesen Ansatz, vom Mitgefühl mit den Tieren ausgehend, zu einer universalen Zielvision eines anderen Gesellschaftsmodells, das sich vor allem gegen die Übel unserer Zivilisation wendet, nämlich »gegen die Ausbeutung des Menschen durch den Menschen, gegen die Ausbeutung der Lebewesen und der Natur durch den Menschen und mancher Nationen durch andere Nationen.« Pelluchon fordert eine »Politisierung der Tierfrage«, deren konzeptionelle Umrisse sie skizziert.[14]

---

12  Vgl. Krebber (2019), 310 ff., sowie das Web-Portal der Human-Animal Studies, unter: http://www.human-animal-studies.de/, letzter Zugriff: 8.1.2021.
13  Krebber (2019), 310.
14  Pelluchon (2020), 19 und 49 ff.

Bernd Ladwig trägt diesem Gedanken Rechnung, wenn er eine »Politische Philosophie der Tierrechte« entwickelt. Ladwig gibt dabei auch einen Überblick über den gegenwärtigen Stand der Debatte, deren wichtigste Positionen er referiert. Er vertritt den Standpunkt, dass Tiere ein Recht auf Rechte haben. Sie sind in unzählige kooperative Unternehmungen mit Menschen eingebunden und wir kontrollieren umfassend ihre Lebensbedingungen. Das bedeutet unter anderem, dass wir ihnen über das Schädigungsverbot hinaus auch Hilfe und Fürsorge schulden.

Die hier vertretene politische Theorie der Gerechtigkeit für Tiere ist in einem emphatischen Sinne politisch: Ich halte gerecht geregelte dauerhafte Beziehungen zu manchen Tieren für möglich und auch für wünschenswert. Indem wir Tiere existenziell von uns abhängig machen, schulden wir ihnen allerdings mehr als nur Schonung, Schutz und Hilfe in leicht behebbaren Notlagen. Wir übernehmen damit auch Pflichten relationaler Art, wie sie unter Mitbürgern bestehen. Darum sollten wir unser Gemeinwohlverständnis für die Wirklichkeit speziesgemischter Gemeinwesen öffnen und Tiere politisch vertreten. Auch wenn Tiere keine Aktivbürger sein können, sollten wir ihre vorhandene Handlungsfähigkeit doch fördern und ihnen erlauben, auf eine für sie selbst erfreuliche Weise mit uns zu interagieren und zu kooperieren. Wildtiere sollten wir allerdings im Wesentlichen wild sein lassen, auch wenn wir damit unsere normative Zuständigkeit begrenzen.[15]

Am Schluss dieses Kapitels begegnen wir einer weiteren (literarischen) Inkarnation eines Pudels, dessen Beziehungen zu Schopenhauers Pudel aber ungeklärt bleiben. Der Roman »Gesang der Fledermäuse« der Literaturnobelpreisträgerin Olga Tokarczuk versammelt alle Motive des Tierrechtsdiskurses, packt sie in eine fesselnde Handlung und stellt sie vor einen weiten gedanklichen Horizont.[16] Besagter Pudel spielt im Geschehen der Romanhandlung eine kleine, aber bedeutsame Nebenrolle.

Wir erleben das Geschehen durch die Perspektive einer Erzählerin, die zu den heiligen Närrinnen, Sonderlingen und Außenseiterfiguren der Literaturgeschichte gehört. Die ehemalige Brückenbauingenieurin und jetzige Aushilfslehrerin Janina Duszejko wird gleich zu Beginn des Roman als alte Frau eingeführt; sie leidet unter einer rätselhaften und vielgestaltigen Krankheit, die sich später als Lichtallergie ausdrückt und eine Verbindung zum Dunkel unter der Erde schafft. Duszejko liest William Blake und beschäftigt sich mit Astrologie. Ihr Weltbild ist von den Analogien zwischen Mikrokosmos und Makrokosmos bestimmt, sie glaubt an die Himmelsreise der Seele und kennt den schwedischen Mystiker und Theosophen Swedenborg. Tokarczuk schreibt ihre Figur damit in eine kulturhistorische Konstellation ein, die von neuplatonischen, theosophi-

---

15  Ladwig (2020), 360.
16  Tokarczuk (2019).

schen und naturmystischen Gedanken bis zur ausgeprägten Modernekritik William Blakes und zur Ethik Arthur Schopenhauers reicht.

Vor diesem theoriegesättigten Hintergrund zeichnet sich Duszejko vor allem durch ihre leidenschaftliche Tier- und Naturliebe aus. Sie hat sich in eine einsame Gegend in der Nähe der polnisch-tschechischen Grenze zurückgezogen, wo sie einen ergreifenden Kampf führt gegen die Grausamkeiten, die Menschen den Tieren antun: Ihr heiliger Zorn gilt der Jagd, der kommerziellen Pelztierzucht und dem Töten von Tieren, um sie zu essen. Eine Reihe rätselhafter Todesfälle scheint durch wilde Tiere verursacht zu sein. Die Auseinandersetzung mit dieser Rache der Tiere führt nach und nach zu einer Erkenntnis, die sowohl der Erzählerin wie der Leserschaft dämmert: Duszejko verkörpert eine Kraft, welche unbewusst die Rache der Natur für die Untaten der Menschen vollzieht.

Im Kapitel »Rede an den Pudel« werden die Motive aufgefächert. Der Pudel gehört einem hageren älteren Mann im Anzug mit Weste, der im Roman öfter auftritt, um die Rachetheorien zu bestätigen. Diesem Pudel, dessen besondere Klugheit die Erzählerin hervorhebt, trägt Janina ihre Programmrede vor:

Der Mensch hat schließlich dem Tier gegenüber eine große Verpflichtung – er muss ihm helfen, das Leben zu überleben. Und er muss den Gezähmten ihre Liebe und Zärtlichkeit erwidern, denn diese geben uns viel mehr, als sie von uns zurückbekommen. Und es sollte Sorge dafür getragen werden, dass sie ihr Leben in Würde verbringen. Ich war ein Tier, habe gelebt und gefressen, auf grünen Wiesen geweidet, Junge gekriegt, sie mit meinem Körper gewärmt, ein Nest gebaut und das erfüllt, was ich erfüllen musste. Wenn man sie tötet und sie in Angst und Schrecken sterben wie dieses Wildschwein, dessen toter Körper gestern vor mir lag und noch immer an derselben Stelle liegt, erniedrigt, verschmutzt und blutverklebt, zu Aas verwandelt – dann verurteilt man sie zur Hölle, und die ganze Welt wird zur Hölle. Sehen das die Menschen denn nicht? Ist ihr Verstand imstande, über ihre kleinen selbstverliebten Annehmlichkeiten hinauszusehen? Die Verpflichtung des Menschen gegenüber den Tieren besteht darin, diese – im späteren Leben – einer Befreiung zuzuführen. Wir alle gehen in dieselbe Richtung, von der Fremdbestimmung zur Freiheit, vom Ritual bis zur freien Wahl. […]
Doch es sind Massen von Schlachtfleisch, die jeden Tag die Stadt überfluten wie ein nicht endender apokalyptischer Regen. Dieser Regen kündet von Massakern, Krankheiten, kollektivem Wahnsinn, Trübung und Verseuchung des Verstandes. Denn kein Menschenherz ist imstande, so viel Schmerz zu ertragen. Die ganze komplizierte menschliche Psyche ist nur entstanden, um den Menschen daran zu hindern, das zu verstehen, was er real sieht. Damit die Wahrheit nicht zu ihm vordringt, vernebelt von Illusion, von leerem Geschwätz. Die Welt ist ein Gefängnis voller Leid, sie ist so konstruiert, dass man, um selbst zu überleben, anderen Lebewesen Schmerz zufügen muss.[17]

Diese an den Pudel gerichtete Schopenhauer-Paraphrase mündet in die Frage: »Was ist das für eine Welt, wo die Norm das Morden und der Schmerz ist?«[18]

17  Ebd., 125 f.
18  Ebd., 127.

Die sehenswerte und preisgekrönte Verfilmung des Romans unter dem deutschen Titel »Die Spur« (2017) von Agnieszka Holland und Kasia Adamik lässt die Handlung in einen Garten Eden münden, in dem Janina mit ihren wenigen, aber engen Freunden, alle Außenseiter der modernen Gesellschaft, inmitten einer wilden und freien Natur lebt. Der Roman endet ein wenig melancholischer, hält aber ebenfalls eine Lösung für die Heldin bereit. Der Weg der Janina Duszejko entzieht sich ganz offenkundig herkömmlichen Rechtsbegriffen zugunsten der Utopie einer anderen Gerechtigkeit.

## 10.3 Die Rechte der Natur

Einen wesentlich weiter greifenden Ansatz vertreten Bewegungen, die sich nicht nur für Rechte der Tiere einsetzen, sondern generell der Natur Rechte zuschreiben.[19] Damit werden die Umrisse einer neuen globalen Rechtsordnung sichtbar. Ein Sammelband des »Rachel Carson Center« bietet einen Überblick, wo in der Welt Rechte der Natur bereits in die Gesetzgebung eingegangen sind. Im Rahmen eines explizit nicht-anthropozentrischen Verständnisses von Natur untersuchen die Autor*innen die theoretischen Möglichkeiten des Ansatzes und präsentieren Beispiele der Umsetzung. Das Thema wird interdisziplinar erarbeitet, da seine Multidimensionalität die fachlich-juristische Sphäre und Sprache weit überschreitet.[20]

Die juristische Ausarbeitung einer solchen Rechtsordnung wäre in Deutschland ohne Verfassungsänderung möglich. Im Jahr 2002 wurde auch der Schutz der Tiere ins Grundgesetz aufgenommen, Artikel 20a GG lautet nun:

Der Staat schützt auch in Verantwortung für die künftigen Generationen die natürlichen Lebensgrundlagen und die Tiere im Rahmen der verfassungsmäßigen Ordnung durch die Gesetzgebung und nach Maßgabe von Gesetz und Recht durch die vollziehende Gewalt und die Rechtsprechung.

Obwohl Artikel 20a Grundgesetz dem Staat eine Verantwortung für die Natur als Objekt des Umweltschutzes zuschreibt, sind damit, so der Münchner Rechtswissenschaftler Jens Kersten, aber immer noch nicht einklagbare Rechte gemeint. Die Natur gilt nicht als Rechtssubjekt. Im Anthropozän, so Kersten, reicht das Umweltschutzkonzept nicht mehr aus, um die ökologischen Entgleisungen abzufangen.

---

19  Vgl. etwa das Volksbegehren Naturrechte unter: https://gibdernaturrecht.muc-mib.de/ sowie die die Initiative zu Naturrechten unter: https://therightsofnature.org/, letzter Zugriff: 8.1.2021.

20  Vgl. Tabios Hillebrecht, Berros (Hrsg., 2017).

Jens Kersten plädiert für das Konzept einer anthropozänen Konfliktkultur, deren Umrisse er ebenso abgrenzt vom Weltgesellschaftsvertrag der Großen Transformation wie von dem inhaltlich eher vagen kompositionistischen Ansatz Bruno Latours, der aus seiner Akteur-Netzwerk-Theorie erwächst. In Kerstens Konfliktkultur ist auf Resistenz, Persistenz und Resilienz von Ökosystemen zu achten und die Akteure sind rechtlich hinsichtlich einer gesunden und sauberen Umwelt zu stärken.[21]

Wir sollen gemäß diesem Ansatz die Natur als ein Rechtssubjekt begreifen, das seine Rechte selbstständig einklagen und durchsetzen kann. In Ecuador gibt es dies bereits, in Indien, Kolumbien und Neuseeland sind die Rechte von Flüssen einklagbar, in Argentinien, Kolumbien und in den USA die Rechte von Tieren. Kersten führt an, dass in unserem Rechtssystem ja auch soziale und wirtschaftliche Zusammenschlüsse oder Vermögens- und Kapitalmassen in Form einer »juristischen Person« als Rechtssubjekte anerkannt werden. Warum dann also nicht die Natur? »Es ist schlicht unfair, wenn wirtschaftlichem Kapital Rechte zustehen, der Natur aber nicht.«[22] Dabei ist eine relative und relationale Rechtssubjektivität gemeint, die im Verhältnis zu anderen Rechten und Pflichten bestimmt und ausdifferenziert werden muss. Bei Kollisionen von Rechten muss, wie sonst auch, eine Abwägung stattfinden. Vertreten würden diese Rechte von Tieren, Pflanzen und Umweltmedien, etwa vor Gericht, in Form von Petitionen, Verträgen oder Anträgen von Menschen bzw. Naturschutzinstitutionen, Vereinen und Gesellschaften. Im Drei-Säulen-Modell der Nachhaltigkeit würde die Rechtssubjektivität der Natur als Gebot der Fairness quasi Chancengleichheit gegenüber den beiden Säulen Soziales und Ökonomie herstellen, da für diese ja Rechtssubjekte definiert sind. »Auf diese Weise könnte der Nachhaltigkeitsgrundsatz durch die Anerkennung der Rechte der Natur vielleicht doch neue politische und rechtliche Impulse für die Verfassung des Anthropozän entfalten.«[23]

Als Weg dahin schlägt Kersten eine entsprechende Auslegung des Grundgesetzes vor oder, noch wirksamer, eine Grundgesetzänderung. Kersten findet dazu eine schöne Formulierung: »Die Grundrechte gelten auch für die Natur, soweit sie ihrem Wesen nach auf diese anwendbar sind.«[24]

Auch Philosophen haben sich mit dem Gedanken einer neuen Rechtsordnung, zu der auch die Natur gehören muss, beschäftigt. Damit kommen Aspekte ins Spiel, die dem Thema einen universalen Geltungsraum öffnen. Der Französische Philosoph Michel Serres (1930–2019) kontrastiert den Gedanken eines Naturvertrags mit der sehr kritisch beleuchteten europäischen Tradition des Gesell-

---

21 Kersten (2014), 378 ff.
22 Kersten (2020).
23 Ebd.
24 Ebd.

schaftsvertrags und des Naturrechts. Der Gesellschaftsvertrag, durch den die
Völker versuchen, aus einem gewaltgetränkten Naturzustand in eine friedliche
Gesellschaft überzutreten, habe, so Serres, aus der Natur ein Außen gemacht,
mit dem wir nichts mehr zu tun haben. Das Naturrecht als Basis des Gesellschaftsvertrags leite sich zwar aus der Natur und der Vernunft her, reduziere
aber Natur auf die rein menschliche Natur. Die Erklärung der Menschen- und
Bürgerrechte habe zwar jedem Menschen die Möglichkeit gegeben, diesen Status
als Rechtssubjekt zu erhalten, verweise aber die Welt draußen auf den Stand blo-
ßer Objekte der Aneignung und Herrschaft. Damit sei die Natur der Zerstörung
überantwortet worden, der ausschließlich gesellschaftsbezogene Vertrag erweise
sich als tödlich für den Fortbestand der Menschheit. Serres fordert daher eine
konsequente Revision des modernen Naturrechtsverständnisses, um der Natur
einen Subjektcharakter zuzusprechen, zumal sie sich, so Serres, auch als Subjekt
verhält, indem sie auf den Menschen reagiert. So würde eine Symmetrie zwischen Mensch und Welt, Mensch und Natur wieder hergestellt. Serres stellt dabei
immer wieder ein symbiontisches Verhältnis zur Natur in den Raum, mit dem
er den Gedanken vollkommen symmetrischer Wechselseitigkeit verknüpft.[25]

Mit der Denkfigur der Symbiose setzte Serres einen Diskurs in Gang, der
aktuell auch in der Kunstszene wieder aufgegriffen wird: Olafur Eliasson hat
2020 im Kunsthaus Zürich eine Ausstellung unter dem Titel »Symbiotic seeing«
veranstaltet.

---

25  Vgl. Serres (1994). Zu einem ökologischen Grundvertrag im Anschluss an Kants Schrift
»Zum ewigen Frieden« vgl. Vollbrecht (2020).

# 11. Schluss und Ausblick:
## Poetisch sehen

Rufen wir uns die Galerie der Bilder in Erinnerung, deren Sinnspuren in der Geschichte wir verfolgt haben. Der Vogel in der Luftpumpe erzählte von einem Fortschritt, der als Verheißung eines besseren Lebens viele Versprechungen erfüllte, aber als dunkle Kehrseite eine unaufhaltsame Naturzerstörung mit sich führte. Mit der Metaphorik des Prometheus verbanden sich Bedeutungsebenen, die beides spiegeln: Neben die Heldenfigur des Zivilisationsstifters trat mit der Metapher des entfesselten Prometheus eine kritische Gegenbewegung. Walter Benjamins Denkanstoß zum »Engel der Geschichte« präfigurierte einen Fortschritts- und Technologiepessimismus, der auch die Ökologiebewegung mit prägte. In der Polarität von Prometheus und der Fee der Elektrizität richteten sich schon Ende des 19. Jahrhunderts Hoffnungen auf die neue, weiblich codierte Kraft, deren Erfüllung aber noch aussteht. Die Figurationen der Fee in der Kulturgeschichte markieren Kernelemente dieser Hoffnungen, die die Umrisse einer Utopie zeichnen: einer Gesellschaft, in der eine saubere naturnahe Energie die Probleme des fossilen Zeitalters hinter sich lässt. Verbinden sich mit der Figur der Frankfurter Elektro-Ausstellung von 1891 explizit demokratische und soziale Hoffnungen, so spiegeln die weiteren Ausprägungen der Figur die Vielfalt der Erwartungen, die sich auf die neue Technologie richten. Dabei ist es vor allem die ikonologische Tradition, die das Spektrum ausfaltet: Wahrheit und Weisheit, Freiheit, Fortuna und schließlich die große lichte Naturgöttin der Romantik haben ihre Zeichen in die Allegorie der Fee der Elektrizität eingeschrieben. Die elektronischen Feen der Gegenwart zeigen, dass noch viele Probleme offen sind.

Im Horizont des Anthropozän-Diskurses haben sich zahlreiche Transformationskonzepte entwickelt, denen der letzte Teil der Publikation gewidmet ist. Wie vielfältig und komplex die Problemlösungen sind, die sich im Rahmen eines alternativen Fortschrittsbegriffs entwickeln, ist ebenfalls sehr deutlich geworden. Durch viele Lösungsvorschläge zieht sich wie ein roter Faden der Gedanke einer »Theory of Change«, die sich auf viele etablierte Institutionen und Praktiken bezieht.

Dabei wird es für die Einzelnen darum gehen, ein identifikatorisches Naturverhältnis zu vereinbaren mit der Bewältigung wissenschaftlicher Informationsprozesse und einer ethisch-sozialen Gemeinwohlorientierung, die auch Empathie mit Tieren und Pflanzen umfasst. Technische Artefakte können dann daran gemessen werden, ob sie überkommene Dominanzsysteme stützen oder partnerschaftlich-kooperative Systeme sowie Transformationsprozesse zur nachhaltigen

Gesellschaft fördern. Kurz: Prometheus und die Fee müssen kommunizieren, ja kooperieren.

Mit diesem Resümee ist aber die Bedeutungsfülle unserer imaginativen Konstellationen nicht erschöpft. Was oben in nüchternen Worten zusammengefasst ist, wirkt in der Komposition der Bilder und Texte anders und weiter. Die Bilder produzieren einen Bedeutungsüberschuss, der sich allein durch die Analyse der Faktizität nicht erreichen lässt. Das hat etwas mit der sinnlichen Präsenz von Bildern zu tun, die auch von poetischen Texten imaginativ aktiviert werden kann. Es hat auch damit zu tun, welche Interpretationen, Gedanken, Ideen, Stellungnahmen und Weiterentwicklungen sich im Laufe der Kulturgeschichte an ikonische Bilder und Texte anschließen. Dabei ist das Feld zwischen bildender Kunst und populärer Kultur durch fließende Grenzen gekennzeichnet. Die Bildbeispiele und Texte, die hier ausgewählt wurden, gehören zum Teil in den Bereich der Kunst, zum Teil stammen sie aus der Gebrauchsgrafik, Kulturhistorisches mischt sich mit Ökologischem, viele Stimmen kommen zu Wort. Wir nähern uns damit dem poetischen Universalismus der frühen Romantik, die Wissenschaft und Kunst zusammenbringen und in ein ganzheitliches Denken einbringen wollte, ohne dabei die offenen Horizonte des Weiterdenkens zu verschließen. Daher nimmt die Göttin der Morgenröte Philipp Otto Runges eine zentrale Stellung ein, zumal die Romantik eine besondere poetologische Beziehung zur Elektrizität entwickelt hatte. Auch das Anthropozän verlangt einen Blick auf das ganze Erdsystem über die Grenzen von Fachdisziplinen hinweg, sodass wir vielleicht immer noch etwas von den Romantiker*innen lernen können.

Die Romantik hat mit ihrer Verschmelzung von poetischer und wissenschaftlicher Imagination eine Wirkmächtigkeit geschaffen, die Denken wie Fantasie anspricht. Eine solche Wirkmächtigkeit in Gestalt eines poetischen Denkens und Gestaltens erneut zu beleben ist ein Ziel, das in Wissenschaft und Kunst aktuell wieder anzutreffen ist. Der Literaturwissenschaftler Amir Eshel erschließt in seinem Essay »Dichterisch denken« eine besonders interessante Dimension: Er möchte das poetische Denken auf Politik und Ethik richten, weil er davon überzeugt ist, dass dieses Denken eine grundlegende Reflexion darüber erlaubt, wie wir mit Menschen, mit unserer Umgebung und mit der Welt als Ganzer interagieren wollen. Arbeiten von Paul Celan, Gerhard Richter und Dani Karavan sind die Beispiele, aus deren Wirkung sich seine Poetologie, die auch eine der Freiheit ist, entfaltet. Sie beschäftigen sich inhaltlich überwiegend mit den faschistischen Regimen des 20. Jahrhunderts und ihren Folgen. Eshel sieht in diesem freiheitlichen Denken, das aus der Kunst erwächst, eine Möglichkeit, »dem Aufstieg von Tyranneien etwas entgegenzusetzen: Es ist nicht weniger als ein Instrument, politische Freiheit zu verteidigen und bedeutsame kulturelle Ausdrucksformen zu fördern.« Er möchte damit einerseits für Schreiben und Lehre in Kunst- und Literaturwissenschaft die Chance einer Erneuerung eröffnen, andererseits eine Sensibilität für diejenigen Kräfte wecken, die uns in unseren kulturellen und politischen Freiheiten beschneiden wollen.[1] Diese Intention ist übertragbar: Eine Poetologie des experimentellen Denkens, in dem verschiedene Sprach- und Bildebenen zusammenwirken, dürfte geeignet sein, jegliche Denkzwänge aufzulösen, um neue Gedankenfiguren zu schaffen. Das sind speziell in unserem Themenfeld durchaus Kräfte, die nicht selten mit den von Eshel gemeinten politischen Kräften zusammenwirken.

Auch in der bildenden Kunst machen sich Allianzen zwischen Wissenschaft und Kunst bemerkbar, die quasi von der anderen Seite her an einem neuen Sehen und Denken arbeiten. Dabei spielt der Begriff der Symbiose eine hervorgehobene Rolle. Er stammt aus der Biologie und meint in übertragenem Sinne die Verbundenheit allen Lebens und aller Lebewesen in den bewohnbaren Zonen der Erde. Die Ausstellungen »Symbiotic seeing« im Kunsthaus Zürich, »Critical Zones« im ZKM Karlsruhe und »The Camille diaries« im Art Laboratory Berlin des Jahres 2020 setzen sich damit auseinander.

Man könnte von einem »Symbiotic Turn« in der Kunst sprechen, der neben das Kreativitätsdispositiv tritt. Andreas Reckwitz hatte letzteren Begriff 2012 in die Debatte gebracht und damit auch eine soziologische Diagnose verbunden: An dem Leitbild künstlerischer Kreativität orientiert sich, so seine These, zunehmend eine neue, global agierende Mittelklasse, der dieses Leitbild zum Medium der Selbstoptimierung gerät. Kreativ sein wird zur Anforderung in Arbeitswelt, Design und ästhetisiertem Lifestyle. Maßgeblich für diese Entgrenzung des Künstlerischen sind dabei Aspekte wie Autonomie, permanente Innovation, expressive Individualität und Ästhetisierung der Warenwelt.[2] Ein global agierender, permanent innovativer Kunstmarkt kann diese Erwartungen durchaus bedienen, gerät aber damit in die Gefahr, ein System zu stabilisieren, statt in Bewegung zu versetzen. Damit wird auch die leitbildgebende Avantgardefunktion der Kunst geschwächt. Diese Selbstbezüglichkeit des Systemzusammenhangs unterlaufen Kunstformate, die ihre Kreativität mit einem anderen Paradigma vernetzen.

Die Ausstellung »Symbiotic seeing« mit Arbeiten des Künstlers Olafur Eliasson geht diesen Weg. In der titelgebenden, fast 400 Quadratmeter großen Rauminstallation kann der/die Betrachter*in die Erfahrung machen, dass er/sie kein isoliertes Ich ist, sondern offen mit der Welt interagiert und mit dieser Interaktion Welt kreiert.

Wer den dunklen Raum betritt, entdeckt ein faszinierendes Spiel aus Farbe, Bewegung und Licht. Die Wirbel und Farbspiele erinnern an Lichtspiegelungen auf einer Wasseroberfläche. In seiner Grösse erinnert das Werk denn auch an ein Meer. Doch das, was aussieht wie Wasser, befindet sich hier über den Köpfen der Besucher an der Decke. Im Raum ist eine Komposition von Hildur Gudnadottir zu hören, die von

---

1  Eshel (2020), 14 f.
2  Vgl. Reckwitz (2012).

*Abb. 25:* Olafur Eliasson, ›Symbiotic seeing‹, 2020, installed
as part of the exhibition ›Symbiotic seeing‹ earlier this year
@ kunsthauszuerich (photo credit: Franca Candrian).

einem Roboter-Arm live auf einem Cello gespielt wird. Versteckte Laser projizieren
farbige Lichtstreifen auf eine regelmässig eingesprühte, schwebende Nebelschicht. Je
nachdem wie viele Personen sich in der Installation befinden, verändert sich die Arbeit.
Durch ihre Körperwärme und die Bewegung im Raum beeinflussen die Besucher den
Luftstrom und damit das visuelle Spiel an der Decke.

Dazu ein Zitat des Künstlers: ›Denken wir nur daran, wie sehr uns das sogenannte
Mikrobiom beeinflusst – Bakterien, Pilze, Archaeen und Viren machen Schätzungen
zufolge über die Hälfte unserer Körpermasse aus. Das bedeutet, wir sind in ebenso
hohem Masse nicht-menschlicher wie menschlicher Natur.‹ (Olafur Eliasson)[3]

3  Text zum Werk »Symbiotic seeing«, in: Kunsthaus Zürich (Hrsg., 2020).

Die Ausstellung beinhaltet weitere Sektionen, wie »Reality is relative«: Hier ist die Kieselalge, die große Mengen $CO_2$ aus der Atmosphäre bindet, Bezugspunkt der Wahrnehmung. Das »Algae window« ist ein kreisrundes »Fenster«, das aus zahlreichen spiegelnden Glaskugel besteht, deren Anordnung von mikroskopischen Darstellungen der Kieselalge abgeleitet ist. Der Blick durch die Kugeln zeigt kleine, fragmentarische Ausschnitte der Außenwelt, die aufgrund der optischen Eigenschaften der Linsen auf dem Kopf stehen. In der Rauminstallation »Space as Process« interagieren Lichtwirkungen aus Scheinwerfern, Spiegeln und Linsen mit den Schatten der Besucher*innen. Die Sektion »I look at the world as a model« erinnert an historische Weltmodelle und zeigt verschiedene künstlerische Präsentationen von Weltsichten: Das Zitat des Künstlers appelliert an die Fähigkeit zur Vielsichtigkeit als Basis für Fortschritt und Veränderung:

Wir sehen das, was unserem Gehirn einsichtig erscheint. Aber als Künstler oder kritischer Denker hinterfragst du alles, was du siehst. Du verstehst, dass die Realität deine Verhandlungsmasse ist. Die Vorstellung einer veränderbaren Realität ist eine solide Basis für Fortschritt und Veränderung. (Olafur Eliasson)[4]

Mit »I want to have an impact« präsentiert sich Olafur Eliasson schließlich als sozial und ökologisch engagierter Künstler, der im Kontakt mit Politik und Zivilgesellschaft steht. Kooperation und nachhaltige soziale Praxis prägen seine tägliche Arbeit. Er wurde 2019 von der UN zum Klimaschutzbotschafter ernannt. Der Künstler ist der Überzeugung, »dass Kunst eine Sprache ist, die das Potenzial hat, Menschen zu mobilisieren und die Welt zu verändern.«[5]

Im Zentrum für Kunst und Medien in Karlsruhe (ZKM) haben maßgeblich der französische Philosoph und Soziologe Bruno Latour und Peter Weibel, zentrale Figur der europäischen Medienkunstszene, eine Ausstellung kuratiert, die mit dem Titel »Critical Zones« (2020/21) einen Begriff aus den Geowissenschaften übernimmt. Latour, der sich leidenschaftlich für Klimapolitik einsetzt, und Weibel realisieren damit am ZKM das dritte gemeinsame Ausstellungsprojekt. Das Konzept der kritischen Zonen macht bewusst, worum es beim Blick auf das Ganze eigentlich geht: um die wenige Kilometer dünne, fragile Zone der Erdkruste, in und auf der sich das Leben überwiegend abspielt. Der ins Nebulöse tendierende Begriff der Ganzheitlichkeit wird so terrestrisch geerdet. Diese »Gedankenausstellung« lädt dazu ein, sich mit der kritischen Lage dieser Zonen zu befassen und »neue Modi des Zusammenlebens zwischen allen Lebensformen zu erkunden.«[6] Das »Terrestrische« bezieht sich in der Gedankenwelt Latours auf die von James Lovelock und Lynn Margulis entwickelte Gaia-Theorie. Er versteht diese als Gegenkonzept zur Trennung zwischen Kultur und Natur mit

4 Ebd.
5 Ebd.
6 ZKM Zentrum für Kunst und Medien Karlsruhe (2020/21).

all den Konsequenzen, die das in der Entwicklung der Moderne gehabt hat. Mit Gaia ist ein selbstregulierendes System gemeint, in dem alles Organische und Anorganische vernetzt ist und die Bedingungen für das Leben schafft. Gaia ist eine Sektion der Ausstellung gewidmet, in der auch auf Margulis Publikation »Der symbiotische Planet« (2018) verwiesen wird. Die »Critical Zones«, denen die Ausstellung sich zuwendet, sind quasi die Haut Gaias, die Räume des organischen Lebens.[7]

In dieser Ausstellung ist die Intention der romantischen Synthese verwirklicht; zusammen mit Forschungsinstitutionen und IT entstanden virtuelle Zonen, die Einübung ins symbiotische Denken und Erfahren anregen. Die virtuelle Plattform zur Ausstellung setzt das schon einmal in die Praxis um: Auch hier ist alles mit allem verbunden, jeder Einstieg zeigt neue Ansichten und entwickelt neue Pfade. Die Navigation entzieht sich der linearen Logik und entspricht so dem Thema; immer wieder werden andere Erfahrungswelten eingespielt. Zu sehen sind zum Beispiel als Critical Zone Observatories: verschiedene Wolkenbilder, die aus Chemikalien entstehen, ein geheimnisvoller Wald, in dem durch Visualisierung der Daten von Emissionen flüchtiger Stoffe die Reaktionen der Bäume auf den Klimawandel sichtbar gemacht werden, das Innere der Erde in einem Vulkan, historische Fotos von Algen, eine Urlandschaft unter einem Bergbaugebiet in China, Abbau von Rohstoffen an den Festlandsockeln der Ozeane und deren Verheerung, Überlegungen zu den Folgen der Corona-Pandemie, Kunst indigener Menschen, eine computergesteuerte Interaktion mit einem virtuellen Ökosystem und vieles andere mehr – all das im Kontext von Zitaten und Erläuterungen als Gedankenausstellung und Laboratorium des symbiotischen Wahrnehmens erfahrbar.[8]

Das Schlusswort in dieser Publikation erhält eine weibliche Figur aus dem Grenzgebiet von Poesie, Science-Fiction und Wissenschaft: Camille, ein Mädchen mit Schmetterlingsflügeln, das ich analog zu den Feen der Elektrizität eine Fee des Symbiotischen nennen will.

Wir versuchen ungefähr alles über experimentelle, intentionale, utopische und revolutionäre Bewegungen aller Zeiten und Orte herauszufinden. Eine der größten Enttäuschungen ist, dass so viele Bewegungen unter der Prämisse des Neuanfangs operieren, statt zu lernen, ohne Verleugnung zu erben und in einer beschädigten Welt unruhig und beunruhigt zu bleiben.

Das Zitat stammt aus einem merk- und denkwürdigen Text, der beim Klagenfurter Ingeborg-Bachmann-Wettbewerb 2020 den Preis des Deutschlandfunks gewann: »Für bestimmte Welten kämpfen und gegen andere«.[9] Die Autorin Lisa

---

7  Ziebritzki (2020/21).
8  Critical Zones Digital (2020).
9  Krusche (2020).

Krusche erzählt von mindestens drei Welten: der realen, weitgehend zerstörten postapokalyptischen Welt, in der die Heldin Judith allein in einer Wohnung mit einem Roboterhund lebt, einer Welt des Computerspiels »galaxias«, in dem die Heldin als Avatar Gorgo unterwegs ist und männliche Avatare tötet, und der Welt der Kompostisten, denen die Freundin Camille sich angeschlossen hat. Sie ist die Sprecherin des Zitats oben. Sie kommuniziert mit Judith über E-Mails. Camille ist oder besser war im Spiel »galaxias« ebenfalls als Avatar vertreten, und zwar als Mädchen mit Schmetterlingsflügeln und silbernen Augen. Camille ist auch eine Figur in einer Erzählung der Wissenschaftshistorikerin und Feministin Donna Haraway. In deren Publikation »Unruhig bleiben«, auf die sich die Formulierung »unruhig und beunruhigt« bleiben im Zitat oben bezieht, nimmt die Erzählung von Camille das letzte Kapitel ein. Haraway erzählt von einer symbiogenetischen Verbindung zwischen einem Mädchen und den Monarchfaltern in der Gemeinschaft der Kompostisten.[10] Die Gemeinschaften der Kompostisten begründen sich in Haraways Fiktion in der Selbstverpflichtung, gegenseitige Verantwortlichkeit unter allen Lebewesen und eine artenübergreifende Umweltgerechtigkeit zu befördern. Sie spricht von Symbiose und Sympoiesis, dem gemeinsamen Erschaffen, als Prinzipien ihres »Chtuluzäns«. Auch die Camille-Erzählung selbst war schon aus einem Workshop mit mehreren Schreiber*innen entstanden. Mit Humus (Erde), dem Chtonischen, Erdhaften im Begriff »Chtuluzän«, und Kompost umschreibt Haraway ihre Vision der Erdverbundenheit.[11]

Krusche schreibt ihre Figur sympoetisch in diesen Kontext ein: Camille berichtet von neuen Babys, die Symbionten von Fischen, Vögeln, Krustentieren und Amphibien sein können, und freut sich auf Symbionten, die Schmetterlingsflügel tragen werden, wie ihr Avatar sie hatte. Sie berichtet von den Kompostisten, mit denen sie lebt, und von der Wahrheit als Beziehung zu dem, was da ist. Camille bleibt offen für den Versuch eines gedeihlichen Zusammenlebens und lädt ihre Freundin ein, mit ihr gemeinsam »Multispezies-SpielerInnen« zu sein – ebenfalls ein Begriff Haraways – und noch einmal zu versuchen, »gemeinsam zu leben und zu sterben, und zwar auf eine Art und Weise, die auf ein immer noch mögliches, endliches Gedeihen und auf Rückgewinnung eingestimmt ist«. Ob die Hauptfigur Judith sich »auf ein anderes Laufwerk überschreiben« kann, um dem Aufruf zu folgen, bleibt in Krusches Erzählung offen.[12]

---

10 Haraway (2018), 187 ff. Auch der amerikanische Horror-Schriftsteller H. P. Lovecraft hat einen fiktiven Chtulhu-Mythos entwickelt, in dem gottgleiche alte Wesen von unfassbarer Schrecklichkeit aus den Tiefen des Universums in die Normalität der Menschen einbrechen. Abgesehen von der unterschiedlichen Schreibweise sind diese Wesen aber ziemlich rassistisch codiert, während Haraways Mischwesen weiblich und sehr positiv codiert sind. Vgl. etwa Lovecraft (1975). Ellis (2020, 198) nimmt allerdings an, dass Haraway sich auf Lovecraft bezieht.

11 Haraway (2018), 18.

12 Krusche (2020), 12 f.

Am Camille-Mythos stricken ebenfalls sympoetisch weiter die »Camille-Diaries«, so der Titel einer Ausstellung in Berlin 2020. Die künstlerischen Positionen in dieser Gruppenausstellung reflektieren die aktuellen Bedingungen unserer Welt – ökologische Krise, Gender-Aspekte oder Biopolitik. Sie schlagen eine »Ästhetik der Fürsorge« als Grundlage für das Zusammenleben zwischen den Arten vor. Der Planet wird in Übereinstimmung mit den wissenschaftlichen und künstlerischen Positionen in Latours Critical Zone Observatories, bei Margulis, Eliasson oder Haraway als ein symbiotisches Netz verstanden, in dem wir alle eingebunden sind, Menschen, Pflanzen, Tiere – auf anorganischer und organischer Basis, ebenso auf ethischer, ästhetischer und biopolitischer Ebene.[13]

Das sympoetische Erzählen kann so den Keim neuer Narrative bilden, deren unruhestiftende Kraft Wege öffnet für eine kollaborative Praxis des Lernens, um eine verantwortliche Freundschaft mit den Netzwerken des Lebendigen aufzubauen und zu pflegen.

Wie diese Narrative praktisch werden, ist eine ebenso spannende Geschichte.

13  ArtLaboratoryBerlin (2020).

# Danksagung

Mein herzlicher Dank geht an Monika Fick, Germanistin an der RWTH Aachen, für ihre ideenreiche, konstruktive und sorgfältige Lektüre des Textes.

Den Herausgebern Gerhard Mauch und Helmuth Trischler, Leitern des »Rachel Carson Center for Environment and Society« der LMU und des Deutschen Museums in München, danke ich für ihre Unterstützung und dafür, dass sie dem Manuskript zur Veröffentlichung in einer so anspruchsvollen Reihe verhalfen.

Die Inhalte der Publikation sind aus Lehraufträgen am ZAK Zentrum für Angewandte Kulturwissenschaft des KIT hervorgegangen. Den Verantwortlichen danke ich dafür, dass es ihnen immer wieder gelingt, mit interessanten Seminarthemen interdisziplinärer Kompetenz und öffentlicher Wissenschaft einen Ort zu geben.

Meinem Mann Uwe Heidenreich, der als Biologe mit mir zahlreiche Lehraufträge im Themenbereich Nachhaltigkeit, Ökologie und Kultur entwickelt und umgesetzt hat, verdanke ich das ökologische Wissen, das ohne seine ständigen Anregungen nicht zustande gekommen wäre. Ihm danke ich für Gespräche, Ideen und seine unerschöpfliche Energie.

# Literatur und Quellen

Aerzteblatt.de (2020 a), Verbände sehen neues Tierschutzgesetz als nicht EU konform, in: aerzeblatt.de vom 3. April 2020, unter https://www.aerzteblatt.de/nachrichten/111562/Verbaende-sehen-neues-Tierschutzgesetz-als-nicht-EU-konform

Aerzteblatt.de (2020 b), Zahl medizinischer Tierversuche in Europa bleibt hoch, in: aerzte blatt.de vom 7. Februar 2020, unter: https://www.aerzteblatt.de/nachrichten/109239/Zahl-medizinischer-Tierversuche-in-Europa-bleibt-hoch

Albertina Sammlungen Online (2013), Frontispiz der Enzyklopädie des Denis Diderot und Jean D'Alembert, unter: https://sammlungenonline.albertina.at/?query=search=/record/objectnumbersearch=[DG2013/165]&showtype=record#/query/56cd8c49-14ac-444a-bc04-cfb622fdb0c7

Anders, Günther (1956/2018), Die Antiquiertheit des Menschen. Band 1. Über die Seele im Zeitalter der zweiten industriellen Revolution, München.

Angres, Volker, Hutter, Claus-Peter (2018), Das Verstummen der Natur. Das unheimliche Verschwinden der Insekten, Vögel, Pflanzen – und wie wir es noch aufhalten können, München.

Arbeitsgruppe Anthropozän/Geologie unter: http://quaternary.stratigraphy.org/working-groups/anthropocene/

Arendt, Hannah (1968), Walter Benjamin – I. Der Bucklige, in: Merkur, Nr. 238, Januar/Februar 1968, 50–65.

Arendt, Hannah (1986), Elemente und Ursprünge totalitärer Herrschaft. Antisemitismus, Imperialismus, totale Herrschaft, München, Berlin.

Art Wiki, Nam June Paik (o. J.), II. Le tournant »Robotique« dans la carrière de l'artiste: 3. La Famille-révolution, unter: http://www.artwiki.fr/wakka.php?wiki=NamjunePaik

ArtLaboratoryBerlin (2020), THE CAMILLE DIARIES. New Artistic Positions on M/otherhood, Life and Care, unter: http://www.artlaboratory-berlin.org/html/de-Camille-Diaries.htm

Asendorf, Christoph (1984/2002), Batterien der Lebenskraft. Zur Geschichte der Dinge und ihrer Wahrnehmung im 19. Jahrhundert, 1984 als Band 13 der Schriftenreihe des Werkbund-Archivs (Berlin), Weimar.

The Autry's Collection Online (o. J.), John Gast, American Progress, unter: http://collections.theautry.org/mwebcgi/mweb.exe?request=record;id=M545330;type=101

Bacon, Francis (2017), Neu-Atlantis, in Heinisch, Klaus J. (Hrsg., 2017), Der utopische Staat. Morus. Utopia, Campanella. Sonnenstaat, Bacon. Neu-Atlantis, übersetzt und mit einem Essay »Zum Verständnis der Werke«, Bibliographie und Kommentar hrsg. v. Klaus J. Heinisch, Reinbek bei Hamburg, 171 ff.

Banse, Gerhard, Grunwald, Armin (Hrsg., 2010), Technik und Kultur. Bedingungs- und Beeinflussungsverhältnisse, Karlsruher Studien Technik und Kultur Band 1, Karlsruhe.

Baranzke, Heike, Ingensiep, Hans Werner (2019), Was ist gerecht im Verhältnis zwischen Mensch und Tier? Religion und Philosophie von den europäischen Anfängen bis zum 18. Jahrhundert, in: Diehl, Elke, Tuider, Jens (Hrsg.), Haben Tiere Rechte? Aspekte und Dimensionen der Mensch-Tier-Beziehung, Bonn.

Becker, Britta, Grimm, Maren, Krameritsch, Jakob (Hrsg., 2018), Zum Beispiel BASF. Über Konzernmacht und Menschrechte, Wien, Berlin.

Benjamin, Walter (1940), Über den Begriff der Geschichte, in: Gesammelte Schriften Band I-2, Frankfurt a. M. 1980, 691–704.

Berger, Alois (2020), Billiges Fleisch, unhaltbare Zustände, in: Deutschlandfunk v. 22.7.2020, unter: https://www.deutschlandfunk.de/schlachthoefe-in-europa-billiges-fleisch-unhaltbare. 724.de.html?dram:article_id=481030

Betsch, Cornelia, Korn, Lars, Sprengholz, Philipp et al. (2020), Social and behavioral consequences of mask policies during the COVID-19 pandemic, in: PNAS Proceedings of the National Academy of Sciences of the United States of America, September 8, 2020 117 (36) 21851–21853, unter: https://doi.org/10.1073/pnas.2011674117

BfN Bundesamt für Naturschutz (2020), Insektenrückgang: Gefährdungsursachen und Handlungsbedarf, unter: https://www.bfn.de/themen/insektenrueckgang-daten-fakten-und-handlungsbedarf/gefaehrdungsursachen-und-handlungsbedarf.html

Blumenberg, Hans (1966), Die Legitimität der Neuzeit, Frankfurt a. M.

Böhme, Gernot (1989), Für eine ökologische Naturästhetik, Frankfurt a. M.

Böhme, Hartmut (2016), Lebendige Natur – Hermetismus, Aufklärung und Ästhetik in der Naturforschung Goethes, in: Böhme, Hartmut, Natur und Figur. Goethe im Kontext, 285–313, München.

Böhme, Hartmut (2003), Das Volle und das Leere. Zur Geschichte des Vakuums, in: Bernd Busch (Hrsg.), Luft. Kunst- und Ausstellungshalle der Bundesrepublik Deutschland, Köln, 42–67.

Böhme, Jakob (1991), Im Zeichen der Lilie. Aus den Werken des christlichen Mystikers, ausgewählt von Gerhard Wehr.

Bonsels, Waldemar (1912/2018), Die Biene Maja und ihre Abenteuer, München.

Botton, Alain de (2001), Trost der Philosophie. Eine Gebrauchsanweisung, Frankfurt a. M.

Bremm, Klaus-Jürgen (2014), Das Zeitalter der Industrialisierung, Darmstadt.

Bundesanstalt für Geowissenschaften und Rohstoffe (2019), Analyse des artisanalen Kupfer-Kobalt-Sektors in den Provinzen Haut-Katanga und Lualaba in der Demokratischen Republik Kongo, Hannover, unter: https://www.bgr.bund.de/DE/Themen/Min_rohstoffe/Downloads/studie_BGR_kupfer_kobalt_kongo_2019.html

Bundesanstalt für Geowissenschaften und Rohstoffe (o. J.), $CO_2$-Speicherung, unter: https://www.bgr.bund.de/DE/Themen/Nutzung_tieferer_Untergrund_CO2Speicherung/CO2 Speicherung/co2speicherung_node.html

Bundesministerium für Umwelt, Naturschutz und nukleare Sicherheit (o. J.), Planetare Belastbarkeitsgrenzen, unter: https://www.bmu.de/themen/nachhaltigkeit-internationales-digitalisierung/nachhaltige-entwicklung/integriertes-umweltprogramm-2030/planetare-belastbarkeitsgrenzen/

Bundesministerium für Umwelt, Naturschutz und nukleare Sicherheit (o. J.), Green IT-Initiative des Bundes, unter: https://www.bmu.de/themen/wirtschaft-produkte-ressourcen-tourismus/produkte-und-konsum/produktbereiche/green-it/green-it-initiative-des-bundes/

Bundeszentale für gesundheitliche Aufklärung (2020), Sich und andere schützen, unter: https://www.infektionsschutz.de/coronavirus/fragen-und-antworten/sich-und-andere-schuetzen.html

Bundeszentrale für politische Bildung bpb (2018), Die große Beschleunigung, unter: https://www.bpb.de/gesellschaft/umwelt/anthropozaen/216918/die-grosse-beschleunigung-the-great-acceleration

Busch, Werner (1990), Joseph Wright of Derbys »Experiment mit der Luftpumpe«, in: Poos, Heinrich (Hrsg.), Kunst als Antithese: Karl-Hofer-Symposion 1988 der Hochschule der Künste, Berlin, 109 ff., unter: http://archiv.ub.uni-heidelberg.de/artdok/1754/1/Busch_Joseph_Wright_of_Derbys_Experiment_mit_der_Luftpumpe_1990.pdf

Canopé (2005), Olympe de Gouges dans La Fée électronique, https://www.reseau-canope.fr/notice/olympe-de-gouges-dans-la-fee-electronique.html

Climate Service Center/Hamburger Bildungsserver (2020), Wiki Klimawandel und Klimafolgen, unter: https://wiki.bildungsserver.de/klimawandel/index.php/Hauptseite

Convention on Biological Diversity (2020), Zero Draft of the Post-2020 Global Biodiversity Framework, unter: https://www.cbd.int/doc/c/cf51/57c8/0908ef199af5bfe2e236009e/wg2020-02-03-en.pdf

Convention on Biological Diversity (o. J.), Homepage, unter: https://www.cbd.int/

Critical Zones Digital (2020), unter: https://critical-zones.zkm.de/#!/keywords:Labor, Metamorphose,Zyklen,Traditionelles%20Wissen,Vervielf%C3%A4ltigung%20von%20Geschichten,Nachhaltigkeit,Kollaboration,Boden

Crutzen, Paul J., Stoermer, Eugene F., The »Anthropocene« (2000), in: IGBP Newsletter 41, Mai 2000, 17 f., unter: http://www.igbp.net/download/18.316f18321323470177580001401/1376383088452/NL41.pdf

Crutzen, Paul J. (2019), Die Geologie der Menschheit, in: Müller, Michael (Hrsg.), Das Anthropozän. Schlüsseltexte des Nobelpreisträgers für das neue Erdzeitalter, 171–173.

Crutzen, Paul J. (2019), Erdabkühlung durch Sulfatinjektion in die Stratosphäre, in: Müller, Michael (Hrsg.), Das Anthropozän. Schlüsseltexte des Nobelpreisträgers für das neue Erdzeitalter, 205–209.

Crutzen, Paul J. (2002) Geology of Mankind, in: Nature, Vol. 415, 3. Januar 2002, unter: https://notendur.hi.is/oi/AG-326%202006%20readings/Anthropocene/Crutzen_NATURE2002.pdf

Culver, Lawrence, Mauch, Christof, Ritson, Katie (Hrsg., 2012), Rachel Carson's Silent Spring. Encounters and Legacies, in: Rachel Carson Center Perspectives, unter: http://www.environmentandsociety.org/sites/default/files/rcc_issue7_web-3_0.pdf

Detering, Heinrich (2020), Menschen im Weltgarten. Die Entdeckung der Ökologie in der Literatur von Haller bis Humboldt, Göttingen.

Deutsche Forschungsgemeinschaft DFG (2019), Climate Engineering und unsere Klimaziele – eine überfällige Debatte. Broschüre des SPP 1689, unter: https://www.spp-climate-engineering.de/index.php/aktuelles.html

Deutsche Forschungsgemeinschaft DFG (2004), Tierversuche in der Forschung, Bonn, unter: https://www.dfg.de/download/pdf/dfg_im_profil/geschaeftsstelle/publikationen/dfg_tierversuche_0300304.pdf

Deutsche Umwelthilfe (2020), Regenwaldschutz muss eine entscheidende Rolle im Kampf gegen neue Infektionskrankheiten spielen, unter: https://www.duh.de/aktuell/nachrichten/aktuelle-meldung/regenwaldschutz-muss-eine-entscheidende-rolle-im-kampf-gegen-neue-infektionskrankheiten-spielen/

Deutscher Bundestag (2020), Anhörung am 13.5.2020 zum Thema Zoonosen, unter: https://www.bundestag.de/ausschuesse/a16_umwelt/oeffentliche_anhoerungen/oeffentliches-fg-71-sitzung-zoonosen-694540

Deutscher Ethikrat (Hrsg., 2020) Tierwohlachtung – Zum verantwortlichen Umgang mit Nutztieren. Stellungnahme, unter: https://www.ethikrat.org/fileadmin/Publikationen/Stellungnahmen/deutsch/stellungnahme-tierwohlachtung.pdf

Deutscher Tierschutzbund (o. J.), Tierversuche, unter: https://www.tierschutzbund.de/information/hintergrund/tierversuche/

Deutscher Tierschutzbund (o. J.), Was ist Massentierhaltung bzw. Intensivtierhaltung? unter: https://www.tierschutzbund.de/information/hintergrund/landwirtschaft/was-ist-massentierhaltung/

Dooren, Thom van, Kirksey, Eben, Münster, Ursula (2016), Multispecies Studies Cultivating Arts of Attentiveness, in: Environmental Humanities, Vol. 8, Nr. 1, 1–23, unter: https://doi.org/10.1215/22011919-3527695

Douglas Heaven, Will (2020), Sprach-KI GPT-3: Schockierend guter Sprachgenerator, in: Heise online vom 12.8.2020, unter: https://www.heise.de/hintergrund/GPT-3-Schockierend-guter-Sprachgenerator-4867089.html?utm_source=pocket-newtab-global-de-DE

Drosten, Christian (2020 a), mit Corinna Hennig, Coronavirus-Update Folge 26 vom 2.4.2020, in: NDR Info, unter: https://www.ndr.de/nachrichten/info/coronaskript158.pdf

Drosten, Christian (2020 b), Schillerrede, in: Deutsche Schillergesellschaft, Marbacher Schiller-reden, unter: https://www.dla-marbach.de/fileadmin/redaktion/Ueber_uns/Schillerrede/Schillerrede_Drosten_2020.pdf

Dürbeck, Gabriele (2018), Narrative des Anthropozän – Systematisierung eines interdisziplinären Diskurses, in: Kulturwissenschaftlich Zeitschrift KWZ Nr. 3/1, 2018, unter: https://kulturwissenschaftlichezeitschrift.de/artikel/duerbeck-narrative-des-anthropozaen/#5-fazit-und-ausblick-pluralitaet-und-metanarrativ-der-anthropozaen-narrative

Dürbeck, Gabriele, Stobbe, Urte (Hrsg., 2015), Ecocriticism. Eine Einführung, Köln, Weimar, Wien.

Eberlein, Johann Konrad (2006), »Angelus Novus«. Paul Klees Bild und Walter Benjamins Deutung, Freiburg i. Br.

Ebmeyer, Michael (2020), Pjotr Kropotkin: Mit Anarchie gegen Corona, in: DIE ZEIT vom 10.5.2020, unter: https://www.zeit.de/kultur/literatur/freitext/pjotr-kropotkin-intellektueller-coronavirus

Eckardt, Felix (2018), Nachhaltigkeitsforschung und Erkenntnistheorie. Auslassungen der Transformationsdebatte. Reaktion auf einige Beiträge in GAIA zum Thema Transformative Wissenschaft, in: GAIA 3/2018, 277–180.

EEA Report 10 (2020), European Environment Agency (Hrsg.), State of nature in the EU. Results from reporting under the nature directives 2013–2018, Luxembourg, unter: https://www.eea.europa.eu/publications/state-of-nature-in-the-eu-2020

Eisler, Riane (2020), Die verkannten Grundlagen der Ökonomie. Wege zu einer Caring Economy. Mit einem Geleitwort von Ernst Ulrich von Weizsäcker. Aus dem Amerikanischen übertragen von Ulrike Brandhorst und illustriert von Christina S. Zhu, Marburg.

Ellis, Erle C. (2020), Anthropozän. Das Zeitalter des Menschen – eine Einführung. Aus dem Englischen von Gabriele Gockel, München.

Eshel, Amir (2020), Dichterisch denken. Ein Essay. Aus dem Englischen von Ursula Kömen, Berlin.

Europäische Kommission (2019), Ein europäischer Grüner Deal. Erster klimaneutraler Kontinent werden, unter: https://ec.europa.eu/info/strategy/priorities-2019-2024/european-green-deal_de#manahmen

Europäische Kommission (2020 a), Klima- und Energiepolitischer Rahmen bis 2030, unter: https://ec.europa.eu/clima/policies/strategies/2030_de

Europäische Kommission (2020 b), EU-Biodiversitätsstrategie für 2030. Mehr Raum für die Natur in unserem Leben, unter: https://eur-lex.europa.eu/legal-content/DE/TXT/?qid=1590574123338&uri=CELEX%3A52020DC0380

FAZ (2020), China streicht Schuppentiere von Liste der traditionellen Medizin, in: FAZ v. 11.6.2020, unter: https://www.faz.net/aktuell/gesellschaft/tiere/coronavirus-china-streicht-schuppentiere-von-liste-der-traditionellen-medizin-16811315.html

Felber, Ulrike (1998), La fée électricité. Visionen einer Technik, in: Plitzner, K. (Hrsg.), Elektrizität in der Geistesgeschichte, Bassum, 105 ff.

Fernow, Hannes (2014), Das Technozän – Von der Ordnung der Dinge zum Schmelzen der Grenzen. Climate Engineering zwischen Risiko und Praxis, in: Der Klimawandel im Zeitalter technischer Reproduzierbarkeit, Wiesbaden, 225–286.

Fick, Monika (2020), Lessing und das Drama der anthropozentrischen Wende, Hannover.

Fischer, Ernst Peter (2017), Hinter dem Horizont. Eine Geschichte der Weltbilder, Berlin.

Foer, Jonathan Safran, Gross, Aaron S. (2020), Das Silicon Valles der Viren, dt. in: Der Freitag 17/2020, unter: https://www.freitag.de/autoren/the-guardian/das-silicon-valley-der-viren

Fondazione Memofonte (o. J.), Luigi Mussini (1813–1888), Florenz, unter: http://www.memofonte.it/ricerche/luigi-mussini-1813-1888/

Fraunhofer-Institut für System- und Innovationsforschung ISI (Hrsg., 2020), Thielmann,

Axel, Wietschel, Martin, Funke, Simon et al., Batterien für Elektroautos: Faktencheck und Handlungsbedarf, unter: https://www.isi.fraunhofer.de/content/dam/isi/dokumente/cct/2020/Faktencheck-Batterien-fuer-E-Autos.pdf

Gabriel, Markus (2020 a), Moralischer Fortschritt in dunklen Zeiten. Universale Werte für das 21. Jahrhundert, Berlin.

Gabriel, Markus (2020 b), Das Virus als soziale Entität, in: Kortmann, Bernd, Schulze, Günther G. (Hrsg.), Jenseits von Corona. Unsere Welt nach der Pandemie – Perspektiven aus der Wissenschaft, Bielefeld, 137 ff.

Gaderer, Rupert (2009), Poetik der Technik. Elektrizität und Optik bei E. T. A. Hoffmann, Freiburg i. Br.

Gamper, Michael (2009), Elektropoetologie. Fiktionen der Elektrizität 1740–1870, Göttingen.

Gebelein, Helmut (1991), Alchemie, München.

Gehler, Johann Samuel Traugott (1787), Physikalisches Wörterbuch oder Versuch einer Erklärung der vornehmsten Begriffe der Naturlehre, Leipzig.

Gerste, Roland, D. (2015), Wie das Wetter Geschichte macht. Katstrophen und Klimawandel von der Antike bis heute, Stuttgart.

Global IGPB Change (2015), Great Acceleration, unter: http://www.igbp.net/globalchange/greatacceleration.4.1b8ae20512db692f2a680001630.html

Göpel, Maja (2020), Unsere Welt neu denken. Eine Einladung, Berlin.

Göpel, Maja, Leitschuh, Heike, Brunnengräber et al. (Hrsg., 2020), Die Ökologie der digitalen Gesellschaft. Jahrbuch Ökologie 2019/20, Stuttgart.

Görres, Joseph(1808/2016), Die Zeiten. Vier Blätter, nach Zeichnungen von Ph. O. Runge, in: Herbert Uerlings (Hrsg.), Theorie der Romantik, Stuttgart, 269 f.

Gössl, Sybille (1987), Materialismus und Nihilismus. Studien zum deutschen Roman der Spätaufklärung, Würzburg.

Goethe, Johann Wolfgang (1827/1977 a), Prometheus, in: Sämtliche Werke in 18 Bänden, Band 1, 320 ff., Zürich.

Goethe, Johann Wolfgang (1827/1977 b), Die Metamorphose der Pflanzen, in: Sämtliche Werke in 18 Bänden, Band 1, 203 ff., Zürich.

Göttert, Karl-Heinz (2019); Als die Natur noch sprach. Mensch, Tier und Pflanze vor der Moderne, Stuttgart.

Graf, Alexander (2020), Multitalent für Sprache, in: Spectrum.de vom 11.8.2020, unter: https://www.spektrum.de/news/kuenstliche-intelligenz-der-textgenerator-gpt-3-als-sprachtalent/1756796

Grober, Ulrich (2018), Die Ächtung des Raubbaus und das Paradigma der Gabe. Alte Quellen für ein neues Bewusstsein über den nachhaltigen Umgang mit unseren Ressourcen, in: Sächsische Hans-Carl-von-Carlowitz-Gesellschaft (Hrsg.) Nachhaltigkeit als Verantwortungsprinzip. Carlowitz weiterdenken, 56–80, München.

Grober, Ulrich (2013), Die Entdeckung der Nachhaltigkeit. Kulturgeschichte eines Begriffs, München.

Haage, Bernhard Dietrich (1996), Alchemie im Mittelalter. Ideen und Bilder – von Zosimos bis Paracelsus, Zürich, Düsseldorf.

Habermas, Jürgen (2019), Auch eine Geschichte der Philosophie, 2 Bände, Berlin.

Hallerstiftung (o. J.), Albrecht von Haller 1708–1777: Medizin, unter: http://www.albrecht-von-haller.ch/d/medizin.php

Hallmann, Caspar A., Sorg, Martin, Jongejans, Eelke et al. (2017), More than 75 percent decline over 27 years in total flying insect biomass in protected areas, in: PLOS ONE, Oktober 2017, unter: http://journals.plos.org/plosone/article?id=10.1371/journal.pone.0185809

Hanson Robotics, Sophia, unter: https://www.hansonrobotics.com/sophia/

Haraway, Donna J. (2018), Unruhig bleiben. Die Verwandtschaft der Arten im Chtuluzän. Aus dem Englischen von Karin Harrasser, Frankfurt a. M.

Heidenreich, Sybille (2019) Wunschlandschaften. Bilder vom guten Leben und die Utopie der Nachhaltigkeit, Würzburg.

Heidenreich, Sybille (2018), Das ökologische Auge. Landschaftsmalerei im Spiegel nachhaltiger Entwicklung, Wien, Köln, Weimar.

Held, Martin, Schindler, Jörg (2019/20), Metalle. Die materielle Voraussetzung der digitalen Transformation, in: Jahrbuch Ökologie 2019/20. Göpel, Maja, Leitschuh, Heike, Brunnengräber, Achim et al. (Hrsg.), Die Ökologie der digitalen Gesellschaft, Stuttgart, 130 f.

Heraeus, Stefanie (2003), Gemäldegalerie Alte Meister Kassel, Prometheus bringt den Menschen das Feuer, unter: https://altemeister.museum-kassel.de/72885/

Heßler, Martina (2019), Menschen – Maschinen – MenschMaschinen in Zeit und Raum. Perspektiven einer Historischen Technikanthropologie, in: Heßler, Martina, Weber, Heike (Hrsg.), Provokationen der Technikgeschichte. Zum Reflexionszwang historischer Forschung, Paderborn, 35–68.

Hoffmann, E. T. A. (1816/1967), Der Sandmann, in: E. T. A. Hoffmann, Werke, Zweiter Band. Nachtstücke, Frankfurt a. M.

Horkheimer, Max, Adorno, Theodor W. (1969/1988), Dialektik der Aufklärung. Philosophische Fragmente, Frankfurt a. M.

Hornborg, Alf (2015), The Political Ecology of the Technocene: Uncovering Ecologically Unequal Exchange in the World-System, in: Hamilton, Clive, Bonneuil, Christophe, Gemenne, Francois (Hrsg.), The Anthropocene and the Global Environmental Crisis: Rethinking Modernity in a New Epoch, Routledge, 57–69.

Howatson, M. C. (Hrsg., 1996), Reclams Lexikon der Antike, Stuttgart.

Human-Animal Studies (o. J.), Homepage, unter: http://www.human-animal-studies.de/

Humboldt, Alexander von (1845): Kosmos. Entwurf einer physischen Weltbeschreibung, Bd. 1. Stuttgart u. a., unter: http://www.deutschestextarchiv.de/book/show/humboldt_kosmos01_1845

Hunter, Michael (o. J.), Robert Boyle: An Introduction, in: Birkbeck, University of London. The Robert Boyle Projekt, unter: http://www.bbk.ac.uk/boyle/learn/introduction

IASS Potsdam Institut für transformative Nachhaltigkeitsforschung (2020), Forschungsgruppe Climate Engineering in Wissenschaft, Gesellschaft und Politik, unter: https://www.iass-potsdam.de/de/forschungsgruppe/climate-engineering

IPBES (2020), Pandemics Report: Escaping the ›Era of Pandemics‹. Experts Warn Worse Crises to Come Options Offered to Reduce Risk, unter: https://ipbes.net/pandemics

IPBES (2019), Globales IPBES-Assessment zu Biodiversität und Ökosystemleistungen, unter: https://www.de-ipbes.de/de/Globales-IPBES-Assessment-zu-Biodiversitat-und-Okosystemleistungen-1934.html

IPBES (o. J.), Online-Dossier zum Zusammenhang zwischen Biodiversitätsverlust und Epidemien, unter: https://www.de-ipbes.de/de/Online-Dossier-zum-Zusammenhang-zwischen-Biodiversitatsverlust-und-Epidemien-2004.html

IPBES, Factsheet (2019), Das »Globale Assessment« des Weltbiodiversitätsrates IPBES. Die umfassendste Beschreibung des Zustands unserer Ökosysteme und ihrer Artenvielfalt seit 2005 – Chancen für die Zukunft, Auszüge aus dem »Summary for policymakers« (SPM) Stand 6. Mai 2019, unter: https://www.helmholtz.de/fileadmin/user_upload/IPBES-Factsheet.pdf

IPCC (2018), IPCC-Sonderbericht über 1,5 °C globale Erwärmung, unter: https://www.de-ipcc.de/media/content/Hauptaussagen_IPCC_SR15.pdf

Jakob, M., Lamb, W., Steckel, J., Flachsland, C., Edenhofer, O. (2020), Understanding Different Perspectives on Economic Growth and Climate Policy, in: WIREs Climate Change vom 27. August 2020, unter: https://onlinelibrary.wiley.com/doi/full/10.1002/wcc.677

Jean Paul (1789/1971), Untertänigste Vorstellung unser, der sämtlichen Spieler und redenden Damen in Europa, entgegen und wider die Einführung der Kempelischen Spiel- und

Sprechmaschinen, in: Völker, Klaus (Hrsg.), Künstliche Menschen. Dichtungen und Dokumente über Golems, Androiden und liebend Statuen, München, 120 ff.

Jensen, Jens Christian (1978), Philipp Otto Runge. Leben und Werk, Köln.

Jochum, Georg (2017), Plus Ultra oder die Erfindung der Moderne. Zur neuzeitlichen Entgrenzung der okzidentalen Welt, Bielefeld.

Jonas, Hans (1979/2003), Das Prinzip Verantwortung. Versuch einer Ethik für die technologische Zivilisation, Frankfurt a. M.

Jung, C. G. (1989), Erlösungsvorstellungen in der Alchemie, in: Grundwerk C. G. Jung Band 6, Olten und Freiburg i. Br.

Karlsruher Institut für Technologie KIT (2020 a), Pressemeldung 034, Nachhaltige Produktion: Neuer Forschungsschwerpunkt am KIT. Kreislaufwirtschaftssystem in Produktionsprozessen ermöglichen, unter: https://www.kit.edu/kit/pi_2020_034_nachhaltige-produktion-neuer-forschungsschwerpunkt-am-kit.php

Karlsruher Institut für Technologie KIT (2020 b), Presseinformation 019/2020, Vom Treibhausgas zum Hightech-Rohstoff. Technologien für negative Treibhausgasemissionen: Im Forschungsprojekt NECOC entsteht am KIT eine Versuchsanlage zur Umwandlung von $CO_2$ aus der Umgebungsluft in festen Kohlenstoff, unter: https://www.kit.edu/kit/pi_2020_019_vom-treibhausgas-zum-hightech-rohstoff.php und unter: http://www.tvt.kit.edu/21_3547.php

Kersten, Jens (2014), Das Anthropozän-Konzept. Kontrakt – Komposition – Konflikt, in: RW Rechtswissenschaft. Zeitschrift für rechtswissenschaftliche Forschung, Heft 3, 2014, Baden-Baden, 378 ff., unter: https://www.rechtswissenschaft.nomos.de/fileadmin/rechtswissenschaft/doc/Aufsatz_ReWiss_14_03.pdf

Kersten, Jens (2020), Natur als Rechtssubjekt. Für eine ökologische Revolution des Rechts, in: Bundeszentale für politische Bildung. Aus Politik und Zeitgeschichte (APUZ 11/2020). Natur- und Artenschutz, unter: https://www.bpb.de/apuz/305893/natur-als-rechtssubjekt

KfW Bankengruppe (o. J.), Dossier Kreislaufwirtschaft, in: KfW-Stories, unter: https://www.kfw.de/stories/dossier-kreislaufwirtschaft.html?kfwmc=kom.sea.google.kfwstories.run-of-site.textad|kall3&wt_cc1=stories&wt_cc2=kreislauf

Kompetenznetzwerk Nutztierhaltung (2020), Empfehlungen des Kompetenznetzwerks Nutztierhaltung 11.2.2020, unter: https://www.bmel.de/SharedDocs/Downloads/DE/_Tiere/Nutztiere/200211-empfehlung-kompetenznetzwerk-nutztierhaltung.pdf;jsessionid=F4F6BACF092BDC20E9D48AAC46462835.internet2851?__blob=publicationFile&v=2

Kortmann, Bernd, Schulze, Günther, G. (Hrsg., 2020), Jenseits von Corona. Unsere Welt nach der Pandemie – Perspektiven aus der Wissenschaft, Bielefeld.

Krebber, André (2019), Human-Animal Studies. Tiere als Forschungsperspektive, in: Diehl, Elke, Tuider, Jens (Hrsg.), Haben Tiere Rechte? Aspekte und Dimensionen der Mensch-Tier-Beziehung, Bonn, 310 ff.

Krusche, Lisa (2020), Für bestimmte Welten kämpfen und gegen andere, in: 44. Tage der deutschsprachigen Literatur (Bachmannpreis), unter: https://files.orf.at/vietnam2/files/bachmannpreis/202019/fr_bestimmte_welten_kmpfen_und_gegen_andere__lisa_krusche_749180.pdf

Ladwig, Bernd (2020), Politische Philosophie der Tierrechte, Berlin.

Latour, Bruno (2018), Das terrestrische Manifest. Aus dem Französischen von Bernd Schwibs, Berlin.

Lawrence, Mark, G., Stefan Schäfer, Helene Muri, Vivian Scott, Andreas Oschlies, Naomi E. Vaughan, Olivier Boucher, Hauke Schmidt, Jim Haywood & Jürgen Scheffran (2018), Evaluating climate geoengineering proposals in the context of the Paris Agreement temperature goals, in: Nature Communications, volume 9, Article number: 3734 (2018), unter: https://www.nature.com/articles/s41467-018-05938-3

Leaders' Pledge for Nature. United to Reverse Biodiversity Loss by 2030 for Sustainable Development, unter: https://www.leaderspledgefornature.org/

Leggewie, Klaus (2019) Jetzt! Opposition. Protest. Widerstand, Köln.

Leggewie, Claus, Renner, Ursula, Risthaus, Peter (Hrsg., 2013), Prometheische Kultur. Wo kommen unsere Energien her? München.

Leopoldina Nationale Akademie der Wissenschaften (Hrsg., 2020), Coronavirus-Pandemie – Die Krise nachhaltig überwinden (2020), Ad-hoc-Stellungnahme, unter: https://www. leopoldina.org/publikationen/detailansicht/publication/coronavirus-pandemie-die-krise-nachhaltig-ueberwinden-2020/

Lesczenski, Jörg (2015), Ein Labor der Moderne – Frankfurts Weg zu »Millionen Lichtern«. Urbanisierung, Elektrizität und gesellschaftlicher Wandel, in: Forschung Frankfurt. Das Wissenschaftsmagazin der Goethe-Universität, Heft 2, 2015, 83 ff., unter: https://www. forschung-frankfurt.uni-frankfurt.de/59324232/FoFra_2015_2_Licht_und_Dunkel_im_ Zeitenlauf_Ein_Labor_der_Moderne-Frankfurts_Weg_zu_Millionen_Lichtern.pdf

Lochmann, Dominik (2019), Digitalisierung kurbelt den Edelmetallbedarf an, in: Springer Professional v. 6.3.2019, unter: https://www.springerprofessional.de/rohstoffe/digitalisierung-kurbelt-den-edelmetallbedarf-an/16529214

Lovecraft, H. P. (1975), Ctulhu. Geistergeschichten, deutsch von H. C. Artmann, Frankfurt a. M.

Lovejoy, Arthur O. (1993), Die große Kette der Wesen. Geschichte eines Gedankens. Übersetzt von Dieter Turck, Frankfurt a. M.

Maak, Niklas (2020), Technophoria, München.

Maak, Niklas, Jung, Hannes (2020), Wahre Roboterliebe, in: Frankfurter Allgemeine Quarterly vom 20.5.2020, unter: https://www.faz.net/aktuell/stil/quarterly/in-japan-sollen-sensible-roboter-alte-menschen-pflegen-16777247.html

Mairie de Paris, Muséosphère, Musée d'Art Moderne (o. J.), Olympe de Gouges. Nam June Paik, unter: https://www.museosphere.paris.fr/oeuvres/olympe-de-gouges

Margulis, Lynn (2018) Der symbiotische Planet oder wie die Evolution wirklich verlief. Aus dem Englischen übersetzt von Sebastian Vogel, Frankfurt a. M.

Mauch, Christof (2019), Slow Hope. Rethinking Ecologies of Crisis and Fear, München, 6 ff., unter: http://www.environmentandsociety.org/perspectives/2019/1/slow-hope-rethinking-ecologies-crisis-and-fear

Mauch, Christof (2013), Mensch und Umwelt. Nachhaltigkeit aus historischer Perspektive, München.

Metzger, Ludwig (1996), »HAP Grieshaber und der Engel der Geschichte«, Film von Ludwig Metzger (WDR 1996), unter: https://www.youtube.com/watch?v=D4BeYX8M51w

Milton, John (1674/2013), Das verlorene Paradies, Berliner Ausgabe 2013, vollständiger, durchgesehener Neusatz mit einer Biographie des Autors bearbeitet und eingerichtet von Michael Holzinger, übers. Von Adolf Böttger, North Charleston, unter: http://www.zeno. org/Literatur/M/Milton,+John/Epos/Das+verlorene+Paradies/F%C3 %BCnfter+Gesang

Möllers, Nina, Schwägerl, Christian und Helmuth Trischler (Hrsg., 2014), »Willkommen im Anthropozän« Unsere Verantwortung für die Zukunft der Erde, München; auch unter: https://www.deutsches-museum.de/ausstellungen/sonderausstellungen/rueckblick/2015/ anthropozaen/

Müller, Michael, Sommer, Jörg, Ibisch, Pierre L. (2020), Die zweite kopernikanische Revolution. Wie können Langfriststrategien in einer »Echtzeit-Demokratie« funktionieren? In: Göpel, Maja, Leitschuh, Heike, Brunnengräber, Achim et al. (Hrsg.), Die Ökologie der digitalen Gesellschaft. Jahrbuch Ökologie 2019/20, Stuttgart, 222 ff.

Müller-Jung, Joachim (2020), Die Rache des Schuppentiers, in: FAZ vom 7.2.2020, unter: https:// www.faz.net/aktuell/gesellschaft/gesundheit/coronavirus/coronavirus-uebertraeger-die-rache-des-schuppentiers-16622676.html

Musée Bartholdi (o. J.), Auguste Bartholdi. Biographie, Colmar, unter: https://www.musee-bartholdi.fr/biographie

Musée d'Art Moderne de Paris Museum (o. J.), La Fée Electricité. Raoul Dufy, unter: http://

www.mam.paris.fr/en/oeuvre/la-fee-electricite sowie unter: https://www.museosphere. paris.fr/musee/musee-dart-moderne/delaunay

Musée d'Orsay (o. J.), Jules Lefebvre, La Vérité, unter: https://www.musee-orsay.fr/fr/collections/ catalogue-des-oeuvres/notice.html?no_cache=1&nnumid=000917&cHash=536a03d217

Museo Galileo (2009), The apotheosis of the heroes of the Astronomical Revolution. Luigi Mussini, The triumph of Truth, Florenz, unter: https://brunelleschi.imss.fi.it/galileopalazzo strozzi/object/LuigiMussiniTheTriumphOfTruth.html

National Park Service (2020), Creating the Statue of Liberty, unter: https://www.nps.gov/stli/ learn/historyculture/places_creating_statue.htm

National Park Service (2020), The French Connection, unter: https://www.nps.gov/stli/learn/ historyculture/the-french-connection.htm

Novalis (1802/2020 a), Heinrich von Ofterdingen, in: Novalis. Gesammelte Werke, hrsg. von Hans Jürgen Balmes, Frankfurt a. M., 199 ff.

Novalis, Die Lehrlinge zu Sais (1802/2020 b), in: Gesammelte Werke, hrsg. Von Hans Jürgen Balmes, Frankfurt a. M.

Novalis (1802/2020 c), An Tieck, in: Novalis. Gesammelte Werke/Die Gedichte, hrsg. von Hans Jürgen Balmes, Frankfurt a. M., 81 ff.

Ötsch, Silke, Lehweß-Litzmann, René (2020), Ansätze und Aussichten einer sozial-ökologischen Transformation: Was verändert die Corona-Krise? In: WSI Mitteilungen. Zeitschrift des Wirtschafts- und Sozialwissenschaftlichen Instituts der Hans-Böckler-Stiftung 6, 2020, 418–426, unter: https://doi.org/10.5771/0342-300X-2020-6-418

Paul Klee Zentrum (2013), Die Engel von Klee, unter: https://www.zpk.org/de/ausstellungen/ rueckblick_0/2012/die-engel-von-klee-329.html

Paul Klee Zentrum (2020), Biografie Paul Klee 1879–1949, unter: https://www.zpk.org/de/ sammlung-forschung/paul-klee-(1879-1940)-49.html

Paul, Gerhard (2013), Bildermacht: Studien zur Visual History des 20. und 21. Jahrhunderts, Göttingen.

Pelluchon, Corine (2020), Manifest für die Tiere. Aus dem Französischen von Michael Bischoff, München.

Peters, Günter (2016), Prometheus. Modelle eines Mythos in der europäischen Literatur, Weilerswist-Metternich.

Pinsdorf, Christina (2020), Romantischer Empirismus im Anthropozän A. v. Humboldts und F. W. J. Schellings Ideen für die Environmental Humanities, in: HiN – Alexander von Humboldt im Netz. Internationale Zeitschrift für Humboldt-Studien, 21 (40), 59–97, unter: https://doi.org/10.18443/288

Polanyi, Karl (2019), The Great Transformation. Politische und ökonomische Ursprünge von Gesellschaften und Wirtschaftssystemen. Aus dem Englischen von Heinrich Jelinek, 14. Auflage Berlin.

Potsdam Institut für Klimafolgenforschung (2019), Planetare Grenzen: Wechselwirkungen im Erdsystem verstärken menschgemachte Veränderungen, unter: https://www.pik-potsdam. de/aktuelles/pressemitteilungen/planetare-grenzen-wechselwirkungen-im-erdsystem-verstaerken-menschgemachte-veraenderungen

Potsdam Institut für Klimafolgenforschung (2015), Vier von neun »planetaren Grenzen« bereits überschritten, unter: https://www.pik-potsdam.de/de/aktuelles-archiv/presse mitteilungen/vier-von-neun-planetaren-grenzen201d-bereits-ueberschritten

Potsdam-Institut für Klimafolgenforschung (o. J.), Kipp-Elemente – Achillesfersen im Erdsystem, unter: https://www.pik-potsdam.de/services/infothek/kippelemente

Precht, Richard David (2020), Künstliche Intelligenz und der Sinn des Lebens, München.

Proctor, Jonathan, Hsiang, Solomon, Burney, Jennifer et al. (2018), Estimating global agricultural effects of geoengineering using volcanic eruptions, in: Nature 560, 480–483, unter: https://www.nature.com/articles/s41586-018-0417-3

Rachel Carson Center (o. J.), Environment & Society Portal, unter: https://www.carsoncenter.uni-muenchen.de/digital_project/index.html

Radkau, Joachim (2011), Die Ära der Ökologie. Eine Weltgeschichte, München.

Rahworth, Kate (2018), Die Donut-Ökonomie. Endlich ein Wirtschaftsmodell, das den Planeten nicht zerstört, übersetzt aus dem Englischen von Hans Freundl, Sigrid Schmid, München.

Reckwitz, Andreas (2012), Die Erfindung der Kreativität. Zum Prozess gesellschaftlicher Ästhetisierung, Berlin.

Reckwitz, Andreas (2017), Die Gesellschaft der Singularitäten. Zum Strukturwandel der Moderne, Berlin.

Reel Classics (2001), The History of a Logo: The Lady with the Torch, unter: http://www.reelclassics.com/Studios/Columbia/columbia-article-logo.htm

Reinhardt, Hartmut (1991/2004), Prometheus und die Folgen, in: Goethe-Jahrbuch 1991, 137 ff., Datei des Autors, unter: Goethezeitportal http://www.goethezeitportal.de/db/wiss/goethe/prometheus_reinhardt.pdf

Ripa, Cesare (1603), Iconologia Overo Descrittione Di Diverse Imagini cauate dall'antichità, & di propria inuentione, Rom, unter: https://digi.ub.uni-heidelberg.de/diglit/ripa1603/0462/image

Ritter, Johann Wilhelm (1798), Beweis, daß ein beständiger Galvanismus den Lebensprozeß in dem Thierreich begleite, Weimar.

Robert Koch-Institut (2020), Epidemiologisches Bulletin 19 2020 vom 7. Mai 2020, unter: https://www.rki.de/DE/Content/Infekt/EpidBull/Archiv/2020/Ausgaben/19_20.pdf?__blob=publicationFile

Roeck, Bernd (2017), Die Geschichte der Renaissance, München.

Rokem, Freddie (2008), Catastrophic Constellations: Picasso's Guernica and Klee's Angelus Novus, in: International Journal of Arts and Technology Vol. 1, No. 1, August 2008, 34–42.

Rosa, Hartmut (2016), Resonanz. Eine Soziologie der Weltbeziehung, Berlin.

Runge, Philipp Otto (1840), Hinterlassene Schriften von Philipp Otto Runge, Maler. Herausgegeben von dessen ältestem Bruder, 2 Bände, Hamburg.

Sánchez-Bayo, Francisco, Wyckhuys, Kris A. G., Worldwide decline of the entomofauna: A review of its drivers, in: Biological Conservation, Volume 232, April 2019, 8–27, unter: https://www.sciencedirect.com/science/article/abs/pii/S0006320718313636

Saße, Dörte (2011), Was die erste sprechende Puppe sagen wollte, in: Wissenschaft aktuell v. 19. Juli 2011, unter: https://www.wissenschaft-aktuell.de/artikel/Was_die_erste_sprechende_Puppe_sagen_wollte1771015587788.html

Schaffer, Simon, Shapin, Steven (1985), »Leviathan and the Air Pump. Hobbes, Boyle, and the Experimental Life«, Princeton.

Schalansky, Judith (2020), Ist der Mensch lernfähig?, in: Süddeutsche Zeitung vom 31. März 2020, unter: https://www.sueddeutsche.de/kultur/coronavirus-schuppentier-china-1.4862197

Schäfer, Lothar (1993), Das Bacon-Projekt – Von der Erkenntnis, Nutzung und Schonung der Natur, Frankfurt a. M.

Schneidewind, Uwe (2018), Die Große Transformation: Eine Einführung in die Kunst gesellschaftlichen Wandels, Frankfurt a. M.

Schopenhauer, Arthur (1840/1950), Preisschrift über die Grundlage der Moral, in: Arthur Schopenhauer. Sämtliche Werke, nach der ersten, von Julius Frauenstädt besorgten Gesamtausgabe neu bearbeitet und herausgegeben von Arthur Hübscher, zweite Auflage, Band 4, Schriften zur Naturphilosophie und Ethik, Wiesbaden.

Seibold, Sebastian, Gossner, Martin M., Simona, Nadja K. et al. (2019) Arthropod decline in grasslands and forests is associated with landscape-level drivers, in: Nature 574, 671–674, unter: https://www.nature.com/articles/s41586-019-1684-3

Serres, Michel (1994), Der Naturvertrag. Aus dem Französischen von Hans-Horst Henschen, Frankfurt a. M.

Shelley, Mary (1818/1970), Frankenstein. Roman. Aus dem Englischen von Friedrich Polakovics, Nachwort von Hermann Ebeling.

Sieferle, Rolf Peter (2003) Der europäische Sonderweg. Ursachen und Faktoren, Stuttgart, in: Schriftenreihe der Bräuninger Stiftung GmbH, Band 1.

Sloterdijk, Peter (2016), Was geschah im 20. Jahrhundert?, Berlin.

Spyra, Ulrike, Effinger, Maria (2008), Cod. Pal. germ. 300: Konrad von Megenberg: Das ›Buch der Natur‹, in: Bibliotheca Platina digital, unter: http://digi.ub.uni-heidelberg.de/de/bpd/glanzlichter/oberdeutsche/lauber/cpg300.html

Steen, Jürgen (1998), »Neue Zeit«-Vorstellungen als Kritik der industriellen Revolution. Zu Bedeutung und Rolle von Elektrizität und Elektrotechnik in Modernisierungsstrategien des 19. Jahrhunderts, in: Plitzner, Klaus (Hrsg.), Elektrizität in der Geistesgeschichte, Bassum 169 ff.

Steen, Jürgen (1991), »Eine neue Zeit ...!« Die Internationale Elektrotechnische Ausstellung 1891. (Ausstellungskatalog, Historisches Museum Frankfurt am Main) Frankfurt a. M.

Steffen, Will, McNeill, John, Crutzen, Paul Jozef (2008), The Anthropocene: Are Humans Now Overwhelming the Great Forces of Nature, in: AMBIO. A Journal of the Human Environment, 36 (8), 614–21, unter: https://www.researchgate.net/publication/5610815_The_Anthropocene_Are_Humans_Now_Overwhelming_the_Great_Forces_of_Nature

Stichweh, Rudolf (1984), Zur Entstehung des modernen Systems wissenschaftlicher Disziplinen. Physik in Deutschland 1740–1890, Frankfurt a. M.

Symbiotic seeing, in: Kunsthaus Zürich (Hrsg., 2020), Olafur Eliasson: Symbiotic seeing. Digitorial, unter: https://eliasson.kunsthaus.ch/

Tabios Hillebrecht, Anna Leah, Berros, María Valeria (Hrsg., 2017), Can Nature Have Rights? Legal and Political Insights, in: RCC Perspectives Transformations in Environment and Society 2017/6, München, unter: http://www.environmentandsociety.org/perspectives/2017/6/can-nature-have-rights-legal-and-political-insights

Taylor, Charles (2012), Ein säkulares Zeitalter, Berlin.

Thaler-Battistini, Alice (2015), Bilder Sehen Lernen. Die Iconologia des Cesare Ripa als Theater der Begriffe, in: Schweizerische Gesellschaft für Symbolforschung, Abb. 10, unter: http://www.symbolforschung.ch/Cesare%20Ripa.html sowie Ripa (1603), unter: https://digi.ub.uni-heidelberg.de/diglit/ripa1603/0521/image

The New Institute (2020), unter: https://thenew.institute/de

Ther, Philipp (2019), Das andere Ende der Geschichte. Über die Große Transformation, Berlin.

Tierversuche verstehen. Eine Informationsinitiative der Wissenschaft (2018), Tierversuche und Ethik, unter https://www.tierversuche-verstehen.de/tierversuche-und-ethik/

Tokarczuk, Olga (2019), Gesang der Fledermäuse. Roman. Aus dem Polnischen von Doreen Daume, Zürich.

Traeger, Jörg (1977), Philipp Otto Runge oder Die Geburt einer neuen Kunst, München.

Trischler, Helmuth (Hrsg., 2013), Envisioning the Future of the Age of Humans, unter: http://www.environmentandsociety.org/sites/default/files/1303_anthro_web.pdf

Trischler, Helmuth, Will, Fabienne(2019), Die Provokation des Anthropozäns, in: Heßler, Martina, Weber, Heike (Hrsg.), Provokationen der Technikgeschichte. Zum Reflexionszwang historischer Forschung, Paderborn, 69–106.

Trusch, Robert (2019), Insektenschwund – Hintergründe, Beobachtungen, Zusammenhänge. Insect Decline – Background, Observation, Correlations, in: Entomologie heute 31 (2019), 229–256.

Umweltbundesamt (Hrsg., 2020), Ansätze zur Ressourcenschonung im Kontext von Postwachstumskonzepten. Abschlussbericht, Dessau-Roßlau, unter: https://epub.wupperinst.

org/frontdoor/index/index/searchtype/collection/id/21002/start/5/rows/10/sortfield/year/
sortorder/desc/docId/7533

Umweltbundesamt (Hrsg., 2020), Petschow, Ulrich, Aus dem Moore, Nils, Pissarskoi, Eugen
et al., Ansätze zur Ressourcenschonung im Kontext von Postwachstumskonzepten. Abschlussbericht, unter: https://epub.wupperinst.org/frontdoor/index/index/searchtype/
collection/id/21002/start/5/rows/10/sortfield/year/sortorder/desc/docId/7533

Venus, Jochen (2015), Vitale Maschinen und programmierte Androiden. Zum Automatendiskurs des 18. Jahrhunderts, in: Annette Keck, Nicolas Pethes (Hrsg.), Mediale Anato-
mien, 253–266, Bielefeld, unter: https://doi.org/10.14361/9783839400760-014

Villiers de L'Isle-Adam, Auguste, Comte de (1809), L'Ève future, Paris.

Völker, Klaus (Hrsg., 1971), Künstliche Menschen. Dichtungen und Dokumente über Golems,
Androiden und liebende Statuen, München.

Volksbegehren Naturrechte (o. J.), Homepage, unter: https://gibdernaturrecht.muc-mib.de/
sowie die die Initiative zu Naturrechten unter: https://therightsofnature.org/

Vollbrecht, Peter (2020), Friedenswerk der ökologischen Vernunft, in: Hohe Luft 1/2020,
73 f.

Voskuhl, Heidi (2015), Androids in the Enlightenment. Mechanics, Artisans, and Cultures
of the Self, Chicago.

Wackenroder, Wilhelm Heinrich, Tieck, Ludwig (1796/1977), Herzensergießungen eines
kunstliebenden Klosterbruders, Stuttgart.

WBGU – Wissenschaftlicher Beirat der Bundesregierung Globale Umweltveränderungen
(2019), Unsere gemeinsame digitale Zukunft. Hauptgutachten, Berlin.

WBGU – Wissenschaftlicher Beirat der Bundesregierung Globale Umweltveränderungen
(2011), Welt im Wandel – Gesellschaftsvertrag für eine Große Transformation. Hauptgutachten, Berlin.

Weigel, Sigrid (2011), Angelus Novus – Engel der Geschichte und Bote des Glücks, in: Kogge,
Werner, Lagaay, Alice, Lauer, David et al. (Hrsg. 2011), Drehmomente. Philosophische
Reflexionen für Sybille Krämer (Digitale Festschrift), unter: http://www.cms.fu-berlin.
de/geisteswissenschaften/v/drehmomente/content/1-Weigel/Drehmomente_Weigel.pdf

Wenninger, Andreas, Will, Fabienne, Dickel, Sascha, Maasen, Sabine, Trischler, Helmuth
(2019), Ein- und Ausschließen: Evidenzpraktiken in der Anthropozändebatte und der Citizen Science, in: Zachmann, Karin, Ehlers, Sarah (Hrsg.), Wissen und Begründen. Evidenz
als umkämpfte Ressource in der Wissensgesellschaft, Baden-Baden, 31–58.

Wessel, Horst A. (Hrsg., 1991), Moderne Energie für eine neue Zeit (7. VDE-Kolloquium am
3. und 4. September 1991, anlässlich der VDE-Jubiläumsveranstaltung »100 Jahre Dreh-
strom« in Frankfurt am Main), Geschichte der Elektrotechnik, Band 11, Berlin, Offenbach.

Wetzels, Walter D. (1973), Klingsohrs Märchen als Science Fiction, in: Monatshefte Vol. 65,
No. 2 (Summer, 1973), 167–175, University of Wisconsin Press, unter: https://www.jstor.
org/stable/30165106

Women at the Center (2018), American Woman? Amérique, Columbia, and Lady Liberty,
in: New-York Historical Society, unter: http://womenatthecenter.nyhistory.org/american-
woman-amerique-columbia-and-lady-liberty/

WWF (2020 a), Living Planet Report 2020, unter: https://www.wwf.de/living-planet-report?
gclid=EAIaIQobChMI3bHFhMjo6wIVjN4YCh2PXQg5EAAYASABEgJ_JfD_BwE

WWF (2020 b), Living Planet Report 2020, Kurzfassung (PDF), unter: file:///C:/Users/sybil/
AppData/Local/Temp/Living-Planet-Report-2020-Kurzfassung.pdf (link funktioniert bei
mir nicht)

WWF Blog (2020), Pangolin: Fakten über die Schuppentiere, unter: https://blog.wwf.de/
pangolin-schuppentier-fakten/

Zachmann, Karin, Ehlers, Sarah (Hrsg., 2019), Wissen und Begründen. Evidenz als umkämpfte Ressource in der Wissensgesellschaft, Baden-Baden.

Zapf, Hubert (2015), Kulturökologie und Literatur, in: Dürbeck, Gabriele, Stobbe, Urte (Hrsg., 2015), Ecocriticism. Eine Einführung, Köln, Weimar, Wien, 72 ff.
Ziebritzki, Johanna (2020/21), Was bedeutet terrestrisch? In: ZKM, Critical Zones, unter: https://zkm.de/de/was-bedeutet-terrestrisch
ZKM Zentrum für Kunst und Medien Karlsruhe (2020/21), Critical Zones. Horizonte einer neuen Erdpolitik, unter: https://zkm.de/de/ausstellung/2020/05/critical-zones

Alle Links abgerufen am 9.12.2020

# Bildnachweis

## akg-images

Abb. 8: Franke, Fritz, Die Freundin der Königin. Lithografie, 1920. Illustration zum Roman »Die Biene Maja und ihre Abenteuer«, Frankfurt a. M. 1922, akg-images.

Abb. 10: Pangolin. Anonyme Abbildung eines Chinesischen Pangolin (Manis pentadactyla), Wasserfarben, 1798–1805, London, British Library, akg-images.

Abb. 13a: Lefebvre, Jules, La Vérité/Die Wahrheit, 1870, Öl auf Leinwand, 264,0 × 112,0 cm, Foto: Erich Lessing, Musée d'Orsay, Paris, akg-images.

Abb. 13b: Bartholdi, Frederic-Auguste, Terrakotta-Figur nach einem Modell zur Freiheitsstatue, 1875, Terrakotta bronziert, akg-images.

Abb. 14: Kandler, Ludwig, Die Elektrizität, 1883, Druck nach Gemälde, akg-images.

Abb. 24: Busch, Wilhelm, Schopenhauer mit Pudel, 8,2 × 5,3 cm, 1860, Frankfurt a. M., Stadt- und Universitätsbibliothek, Schopenhauer-Archiv, akg-images.

## Alamy

Abb. 2: Dufy, Raoul, La Fée Électricité, 1937, Panoramabild im Musée d'Art Moderne de Paris, ca. 600 qm, Michael Brooks/Alamy Stock Foto.

Abb. 6: Klee, Paul, Angelus Novus, 1920. Aquarellierte Zeichnung, 31,8 × 24,2 cm, Israel-Museum, Jerusalem, The Picture Art Collection/Alamy Stock Foto.

Abb. 11: Schmidt, Louis (Entwurf), Die Lichtträgerin, Werbeplakat für die Allgemeine Elektricitäts-Gesellschaft AEG, Berlin (1888), 84 × 54 cm, Alamy Stock Foto.

Abb. 20: Columbia Pictures Film Company Logo, RGR Collection/Alamy Stock Foto.

Abb. 22: Zimmer Raoul Dufy – Arts Modernes Museum – Paris – Frankreich, guichaoua/Alamy Stock Foto.

## ARTOTHEK

Abb. 3: Wright of Derby, Joseph, Das Experiment mit dem Vogel in der Luftpumpe, 1768, Öl auf Leinwand, 183 × 244 cm, National Gallery London, © Fine Art Images ARTOTHEK.

Abb. 12: Mussini, Luigi, Triumph der Wahrheit, 1847, 143 × 213 cm, Öl auf Leinwand, Mailand, Pinacoteca di Brera. © Dominige & Rabatti – La Collection – ARTOTHEK.

Abb. 15: Runge, Philipp Otto, Der Morgen, 1808, Öl auf Leinwand, 106 × 81 cm, Hamburger Kunsthalle, © ARTOTHEK.

Abb. 17: Verschiedene Vogelarten in einer Landschaft. Aus dem »Buch der Natur« von Konrad von Megenberg (um 1309–1374). Gedruckt von Johann Schönsperger, Augsburg 1499, 26,2 × 18,4 cm, Holzschnitt, handkoloriert, © Christie's Images Ltd – ARTOTHEK.

Abb. 21: Gast, John, American Progress (1872), Öl auf Leinwand, 29,2 × 40 cm, Autry Museum of the American West, Los Angeles, © Christie's Images Ltd – ARTOTHEK.

## Eliasson, Olafur

Abb. 25: Eliasson, Olafur, ›Symbiotic seeing‹, 2020, installed as part of the exhibition ›Symbiotic seeing‹ earlier this year @kunsthauszuerich (photo credit: Franca Candrian).

## Galerie Alte Meister Kassel

Abb. 5: Füger, Heinrich Friedrich (1751–1818), Prometheus bringt den Menschen das Feuer, 1817, Leinwand, 55 × 41,5 cm, Gemäldegalerie Alte Meister Kassel, © Museumslandschaft Hessen Kassel.

## Heidenreich Sybille

Abb. 18: Donut, Abb. 23: Maske.

## Historisches Museum Frankfurt

Abb. 1: Kirchbach, Frank, Plakat der Internationalen Elektrotechnischen Ausstellung 1891 in Frankfurt am Main, Chromolithografie, Historisches Museum Frankfurt, Foto: Horst Ziegenfusz.

## Imago Images

Abb. 19: Shanghai, China – April 21: (China Out) Visitors looks [sic] Chinas first ultra realistic robot Jia Jia on the opening ceremony of the 4th China (Shanghai) International Technology Fair (CSITF) at Shanghai World Expo Exhibition & Convention Center on April 21, 2016 in Shanghai, China.

## Institut für Medizingeschichte Universität Bern

Abb. 9: Junge Mediziner bei ihren Tierversuchen in einem Seziersaal, Kupferstich. Frontispiz aus: Haller, Albrecht von: Mémoires sur la nature sensible et irritable, des parties du corps animal, Vol. 1. Lausanne 1756. Institut für Medizingeschichte der Uni Bern, IMG WZ 260 H185M: 1.

## Wikimedia Commons

Abb. 4: Bacon, Francis, Titelseite des »Novum Organum scientiarium«, 1620, Ausgabe 1645, Houghton Library, Harvard University.

Abb.7: Illustration zu Mary W. Shelleys Roman »Frankenstein or The Modern Prometheus«, Ausgabe von 1831.

Abb. 16: Drei Blumen, die aus dem Ouroborus aufsteigen. Aus Hieronymus Reusners alchemistischer Schrift »Pandora« (1582).

# Register